Weiterführend empfehlen wir:

Zukunftsstrategien
ISBN 978-3-8029-3838-2

Führungsdialoge
ISBN 978-3-8029-3853-5

Führungskompetenz
ISBN 978-3-8029-3369-1

Manager TOOL-BOX:
Trends – Strategie – Change
ISBN 978-3-8029-3999-0

Warum Mitarbeiter nicht tun,
was sie tun sollten
ISBN 978-3-8029-3364-6

Tipps und Tricks, sich selbst
mehr Zeit zu schenken
ISBN 978-3-8029-3437-7

Die unsichtbare Macht
der Worte
ISBN 978-3-8029-3979-2

Weitere Titel unter: www.WALHALLA.de

Wir freuen uns über Ihr Interesse an diesem Buch. Gerne stellen wir Ihnen zusätzliche Informationen zu diesem Programmsegment zur Verfügung.

Bitte sprechen Sie uns an:

E-Mail: WALHALLA@WALHALLA.de
http://www.WALHALLA.de

Walhalla Fachverlag · Haus an der Eisernen Brücke · 93042 Regensburg
Telefon (09 41) 56 84-0 · Telefax (09 41) 56 84-1 11

Patrick Schmid

Praxiskurs

Projekt-

management

Mit einfachen Mitteln gezielt zum Erfolg

5. Auflage

Bibliografische Information der Deutschen Nationalbibliothek
Die Deutsche Nationalbibliothek verzeichnet diese Publikation in der Deutschen National-
bibliografie; detaillierte bibliografische Daten sind im Internet über http://dnb.dnb.de abrufbar.

Zitiervorschlag:
Patrick Schmid, Praxiskurs Projektmanagement
Walhalla Fachverlag, Regensburg 2013

5. Auflage

    Produktion: Walhalla Fachverlag, 93042 Regensburg
    Umschlaggestaltung: grubergrafik, Augsburg
    Druck und Bindung: Westermann Druck Zwickau GmbH
    Printed in Germany
    ISBN 978-3-8029-3914-3

WIN-WDZ-0213-10193-O

Schnellübersicht

Eine ganze Molkerei für ein Glas Milch?

Es ist mir eine Freude, das Vorwort zur 5. Auflage dieses Projektmanagement-Ratgebers zu schreiben. Ganz bewusst wähle ich das Wort Ratgeber, weil dieses Praxis-Handbuch für mich und meine Studierenden zur präferierten Lektüre geworden ist, wenn es um die Planung und Durchführung von Projekten geht.

Als Professorin an der ESB Business School in Reutlingen unterrichte ich seit 2009 im Rahmen des Bachelor Studiengangs International Management das Fach „Grundlagen des Projektmanagements". Das Projektmanagement begleitet mich aber schon sehr viel länger in Wissenschaft und Praxis. So habe ich etwa meine Promotion zum Thema „Erfolg im Projektmanagement" verfasst.

Patrick Schmid habe ich während meiner Tätigkeit als Projektleiterin bei Hewlett-Packard kennen und schätzen gelernt. Seine Projektmanagement-Seminare sind geprägt vom Miteinander, Ausprobieren, Tun und sich Einbringen, kurzum aus der Praxis für die Praxis.

Kompakt, fokussiert und pragmatisch begleitet Patrick Schmid den Leser in die Welt des Projektmanagements. Er versteht es, die wichtigsten Punkte übersichtlich und sehr praxisorientiert darzustellen. Verständliche Worte, leicht umsetzbare Handlungsanweisungen und Checklisten kennzeichnen diesen Ratgeber.

Das ist der Grund, warum ich dieses Buch im Bachelor-Studium, begleitend zur praktischen Projektarbeit, einsetze. Für mich und meine Studierenden bildet es einen roten Faden, der ideal die Theorie mit der Praxis verbindet.

Selbstverständlich gibt es auch die wirklich komplexen großen Projekte, die umfangreiches Know-how und den Einsatz der klassischen Instrumente der Projektplanung und -steuerung erfordern.

Eine ganze Molkerei für ein Glas Milch?

All diejenigen aber, die ins Projektmanagement einsteigen wollen oder kleine bis mittlere Projekte managen, werden erleichtert feststellen, dass professionelles Projektmanagement viel einfacher ist als vermutet. Man braucht eben keine Molkerei zu kaufen, um ein Glas Milch zu trinken.

Auch weiterhin werde ich dieses Praxis-Handbuch auf meiner Literaturliste führen und meine Vorlesungen damit lebendig gestalten.

Für seine 5. Auflage wünsche ich Patrick Schmid viel Erfolg und freue mich schon darauf, die neue Ausgabe in den Händen halten zu können.

Prof. Dr. Petra Kneip
Lehrstuhl für Human Resources,
Organizational Behavior and Leadership
ESB Business School Reutlingen

Vieles von dem, was wir als Management bezeichnen,
besteht darin, uns durch Bürokratie die Arbeit zu erschweren.

Peter F. Drucker

Enttäuschte Projektleiter

Drei Viertel aller Projekte gehen daneben

Mal ehrlich: Läuft Ihr Projekt so, wie Sie es sich wünschen? Ärgern Sie sich nicht, wenn die Antwort Nein ist: Sie sind in guter Gesellschaft. Zwei Drittel aller Projektleiter verneinen die Frage, denn nur rund ein Drittel aller Projekte werden wie geplant zu Ende gebracht. Zwei Drittel stecken dagegen ständig oder akut in Zeit- oder Geldnot, haben zu wenig Manpower, zeigen Qualitätsmängel oder sind in anderen Schwierigkeiten. Deshalb fordern die meisten Projektleiter (und ihre Auftraggeber, Kunden, Endanwender, Stockholder, Teammitglieder etc.), die ich in fast zwanzig Jahren Beratungs- und Trainertätigkeit kennengelernt habe: „Wir müssen unsere Projekte professioneller managen!"

Der Aufwand steht in keinem praktikablen Verhältnis zum Ergebnis

Viele Ratsuchende zeigen sich enttäuscht:

„Die Instrumente sind zwar alle toll – aber der Aufwand dafür!"

„Ich habe keine Zeit mehr für mein Projekt, wenn ich so viel Zeit in Planung und Steuerung stecken soll, wie es der Trainer verlangt!"

„Die Techniken sind zu aufwändig und bringen zu wenig."

„Das ist glatt zwei Nummern zu groß für mein Projekt!"

Um die Meinung der Praktiker auf den Punkt zu bringen: Die meisten PM-Techniken kosten zu viel Zeit, die man nicht hat, und bringen dafür viel zu wenig Ergebnis, das man dringend benötigt.

Lassen Sie sich nicht von Gurus mit hochtrabenden Titeln verunsichern! Lernen Sie, auf Ihr eigenes Urteil zu vertrauen: Welche PM-Techniken taugen für Ihr Projekt und Ihre Zwecke, welche weniger, welche nicht?

Vieles von dem, was Sie bereits praktizieren, ist sehr gut und bedarf lediglich kleiner Verbesserungen. Das merken Sie spätestens dann, wenn Sie mit Riesenaufwand eine dieser schönen, neuen und tollen PM-Techniken anwenden, damit aber nur marginale Erfolge erzielen. Um es ganz deutlich zu sagen:

Viele Projektmanagement-Techniken sind reine Zeitvergeudung!

Gar keine Methoden ändern nichts

Das bemerken die meisten Projektleiter auch früher oder später. Was machen daraufhin viele? Verständlicherweise kehren sie zu den alten Techniken zurück. Doch damit begibt sich ein Projektleiter in ein übles Dilemma. Meist sind unter den alten Techniken viele „handgestrickte" Instrumente, die für ein professionelles, schnelles, zieltreues und wenig aufwändiges Projektmanagement nicht ausreichen. Das bemerkt der Projektleiter daran, dass er sehr viel Ärger, Frust sowie Zeitverlust wegen ständig fälliger Nachbesserungen hat und große Qualitätsverluste erlebt. Aufgrund dieser Nachteile hat er ja überhaupt erst das Seminar gebucht oder das Buch gelesen! „Na wenn schon", sagen viele Projektleiter. „Wenn ich mich für professionelles Projektmanagement auf den Kopf stellen muss – dann ohne mich." Wer das sagt oder denkt, ist auf eine zweite, grundfalsche Guru-Meinung hereingefallen: „Professionelles Projektmanagement ist aufwändig."

Es gibt PM-Instrumente, die bei wenig Aufwand große Verbesserungen garantieren.

Erfolgreiches Projektmanagement ist pragmatisch

Die Entscheidung liegt bei Ihnen: Wollen Sie es lieber wissenschaftlich-hochkomplex oder pragmatisch-erfolgreich? Es ist Ihre Wahl. Gutes Projektmanagement ist viel einfacher, als Sie glauben. Es gibt tatsächlich PM-Methoden, mit denen Sie Ihre Projekte hochprofessionell managen können und die dabei leicht, einfach, unkompliziert, schnell, aufwandsarm, praktikabel und leicht verständlich sind. Wie schon Goethe sagte: „Das Geniale ist immer einfach." Man muss die simplen Methoden nur finden und richtig anwenden – die komplexen, komplizierten und uneffizienten sind einfacher zu entdecken. In diesem Buch finden Sie sieben einfache, aber wirkungsvolle Instrumente. Und einige davon werden Ihnen sehr bekannt vorkommen. Fassen Sie das als Bestätigung auf: Es ist nicht alles schlecht, was Sie machen, auch wenn übereifrige Trainer und Autoren Ihnen das vormachen möchten. Vieles von dem, was Sie bereits wissen und tun, braucht nur noch den richtigen Dreh, um durchschlagend wirksam zu sein.

Was Sie im Folgenden lesen, ist aus der Praxis entstanden. Seit zwanzig Jahren trainiere, coache und berate ich Projektleiter und deren Führungskräfte weltweit. Damals begann ich wie alle anderen mit den typischen PM-Instrumenten, bis meine Teilnehmer, Klienten und ich selbst bemerkten, dass es zwar auch einige große Projekte gibt, die meisten von uns aber mittlere und kleine managen (müssen). Eben solche, die man mit einem „Machen Sie mal!" übertragen bekommt. Und für diese Projekte waren und sind die klassischen Instrumente völlig ungeeignet.

Ich machte es mir zur Aufgabe, zusammen mit den Projektleitern einfache und schnelle, professionelle und effiziente Instrumente zu entwickeln. Inzwischen sind diese Instrumente nicht nur entwickelt, sondern haben sich schon tausendfach in der Praxis bewährt.

Nach der Lektüre werden Sie dieselben positiven Effekte an sich und Ihrem Projekt beobachten, wie sie schon viele Projektleiter nach meinen Trainings und Beratungen realisiert haben.

Enttäuschte Projektleiter

- Sie werden sehr erleichtert sein: Professionelles Projektmanagement ist viel einfacher als oft dargestellt.

- Sie werden verwirklichen, was Sie bislang für einen Widerspruch hielten: Zeit sparen und besser managen. Das heißt: mehr Erfolg mit weniger Aufwand.

- Sie werden mehr Spaß und Erfolg mit Ihrem Projekt und Ihrem Team haben.

- Sie werden ein immer besseres Verhältnis zu Auftraggebern, Kunden, Teammitgliedern, Linienkollegen und Anwendern bekommen und Ihr Ansehen wird steigen.

- Sie werden quasi Turbo Projektmanagement betreiben, das heißt: Ihre Projekte sehr viel schneller, zielgenauer, kostentreuer und termingerechter über die Bühne bringen.

Das Buch wendet sich an Projektneulinge wie auch an Projektleiter, die schon erste Projekterfahrungen gesammelt haben. Die Tipps und Situationsbeispiele sollen Ihnen dabei helfen, schwierige Situationen abgeklärt zu meistern und Ihr Projekt zügig weiterzuführen.

Viele praxisorientierte Checklisten helfen Ihnen in den wichtigsten Projektsituationen einen klaren Kopf zu bewahren und sich auf das Wesentliche zu konzentrieren.

Was Sie sich auch an konkreten Verbesserungen Ihres Projektmanagements vorgenommen haben, ich wünsche Ihnen viel Erfolg und Freude dabei. Wenn Sie Fragen haben, helfe ich Ihnen gerne weiter.

Patrick Schmid

PS Consulting International
Horber Straße 142, 72221 Haiterbach
Tel. 0 74 56 – 7 95 72 60
E-Mail: patrick_schmid@psconsult.de
Homepage: www.psconsult.de

Groß ist nicht gleich gut: die falschen PM-Instrumente

1

1. Eine Molkerei für ein Glas Milch

Da gibt es nun schon seit Jahrzehnten Projektmanagement und noch immer werden in Literatur und Training die falschen PM-Methoden gepredigt – wie kann das sein?

Warum erschrecken 80 Prozent der Projektleiter regelmäßig, wenn sie mit „professionellen" PM-Methoden in Literatur, Beratung oder Training konfrontiert werden? Aus einem einfachen Grund:

> Die meisten PM-Techniken sind zwei Nummern zu groß.

Das heißt: Für ein bisschen Resultat müssen Sie einen Riesenaufwand betreiben. Warum hat das Verhältnis zwischen Aufwand und Ertrag eine derartig augenfällige Schlagseite? Den Grund dafür kennen nur wenige, obwohl er sofort einleuchtet und eigentlich auch in jedem PM-Buch erwähnt wird:

> Die meisten PM-Techniken wurden für Großprojekte entwickelt.

Projekte wie Mondlandungen, Autobahnbauten oder milliardenschwere Ölraffinerien im saudischen Sand. Die meisten Bücher, in denen dieser hübsche Historienverweis steht, unterschlagen die zwingende Schlussfolgerung:

> Auf kleine und mittlere Projekte passen diese Techniken nicht!

Denn nur die wenigsten Projektleiter bauen Mondraketen. Nun gibt es zwar auch Universalinstrumente, die man für jeden beliebigen Zweck einsetzen kann. Doch diese sind die Ausnahme. In der Regel gilt, was der gesunde Menschenverstand verrät:

14

Jedes Instrument hat seinen Wirkungsbereich.

Mit einer Rohrzange können Sie keine Armbanduhr reparieren. Mit einer Kettensäge sollten Sie keine Laubsäge-Arbeit machen. Mit Kanonen sollten Sie nicht auf Spatzen schießen. Das alles ist teuer und wenig effektiv. Die meisten PM-Techniken sind ein paar Nummern zu groß. Wer sie für kleine und mittlere Projekte einsetzt, baut eine Molkerei, um ein Glas Milch zu bekommen: Das können Sie auch mit weniger Aufwand bewerkstelligen.

2. Gute Instrumente sind lösungsorientiert

Wenn Projektleiter oder Geschäftsführer an meine Tür klopfen, lautet die Klage immer wieder: „In unseren Projekten geht es recht unkoordiniert zu. Wir brauchen ein professionelles Projektmanagement. Doch was wir bisher an PM-Techniken gesehen haben, ist zu groß, zu komplex, zu aufwändig. Wir haben das Gefühl, Technik und Projekte passen nicht zusammen. Es muss doch auch vernünftige kleine Instrumente geben." Gibt es. Und nicht nur das.

Die passenden Instrumente für kleine und mittlere Projekte sind nicht nur kleiner, sie sind auch lösungsorientiert. Wer jemals einen Netzplan (das typische, große PM-Instrument schlechthin) erstellt und gepflegt hat, fragt sich früher oder später unwillkürlich, wozu die Übung eigentlich gut sein soll. Der Netzplan verursacht so einen Riesenaufwand, dass man tagelang daran herumrechnen kann, ohne jemals zu erfahren, worin der Nutzen liegt. Außerdem ist danach meist unklar, was die ganze Rechnerei konkret gebracht hat, das nicht ohnehin schon bekannt ist oder mit viel einfacheren Mitteln hätte in Erfahrung gebracht werden können.

Praxis-Tipp:

Komplexe Instrumente sind Lösungen, für die es in kleinen Projekten kein Problem gibt.

Groß ist nicht gleich gut: die falschen PM-Instrumente

Komplexe Instrumente zäumen das Pferd vom Schwanz her auf: Vor lauter Methode verschwindet die Lösungsorientierung ganz im Hintergrund. Bei kleinen Instrumenten stehen die Probleme der Projektleiter im Vordergrund. An diesem einfachen Kriterium können Sie übrigens den Nutzen aller PM-Instrumente ablesen. Fragen Sie sich einfach: Welches meiner Probleme löst das jetzt?

Sobald Sie sich für ein bestimmtes Instrument mit einer Antwort schwer tun, können Sie es eigentlich schon vergessen. Gute Instrumente gehen nicht von einer hochtrabend klingenden Methode aus, sondern von den Problemen, denen Sie im Projekt begegnen.

3. Sieben ewige Projektprobleme

- Der Auftraggeber gibt pauschale, unklare Wünsche, jedoch keine klaren Ziele (bis auf den viel zu knappen Termin) vor – oder er ändert sie mitten im Projekt.

- Es kommt keine Unterstützung aus den Abteilungen – oft wird das Projekt sogar offen oder verdeckt angefeindet.

- Im Projektverlauf tauchen Probleme auf, mit denen keiner rechnete.

- Die Projektplanung wirft mehr Fragen auf, als sie beantwortet.

- Wie bringt man jemanden dazu, im Projekt voll mitzuarbeiten, wenn man keine Anweisungen geben darf?

- Wie holt man Rückstände und Rückschläge möglichst schnell und ohne großes Aufsehen wieder auf?

- Wie vermeidet man, dass man im nächsten Projekt exakt dieselben Fehler wiederholt?

4. Sieben einfache Instrumente

Für diese sieben archetypischen Projektprobleme gibt es sieben einfache Instrumente, welche die Probleme schnell und mit wenig Aufwand lösen:

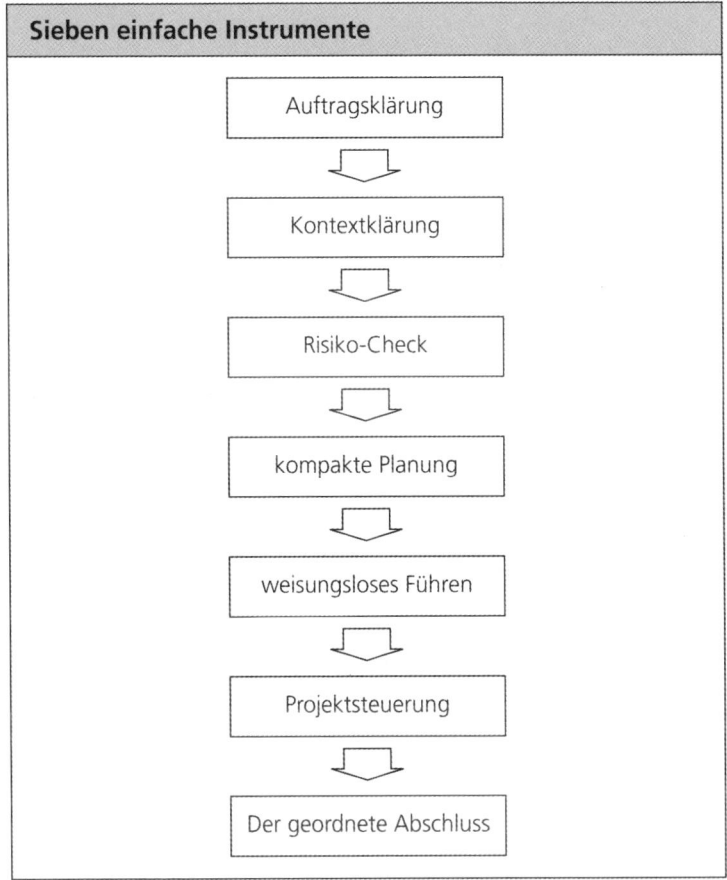

Groß ist nicht gleich gut: die falschen PM-Instrumente

- Die Auftragsklärung:

  Auftraggeber geben selten klare Aufträge. Wenn Sie klare Ziele wollen, müssen Sie sie sich holen. Die Auftragsklärung zeigt Ihnen wie.

- Die Kontextklärung:

  Wenn Sie möchten, dass Ihr Projekt von allen Ebenen im Unternehmen unterstützt wird: Gestalten Sie die Außenbeziehungen aktiv.

- Der Risiko-Check:

  Vermeiden Sie böse Überraschungen während des Projektverlaufs mit einem kurzen Risiko-Check.

- Die kompakte Planung:

  Sie können auch mit wenig Aufwand so planen, dass alles geregelt ist, was geregelt werden muss.

- Weisungsloses Führen:

  Viele Projektleiter glauben, mit Weisungsbefugnis ginge alles besser. Das ist ein Irrtum. Wer motivieren kann, braucht keine „Befehlsgewalt".

- Die Projektsteuerung:

  Abweichungen lassen sich mit Ampel- und Teamsteuerung schnell wieder in den Griff bekommen oder ganz vermeiden.

- Der geordnete Abschluss:

  Wer seine Erfahrungen dokumentiert und reflektiert, ist nicht länger dazu gezwungen, seine Fehler zu wiederholen.

Diesen sieben Instrumenten und ihrer Anwendung in der Projektpraxis sind die nachfolgenden Kapitel gewidmet. Sie werden sehen: Professionelles Projektmanagement ist im Grunde ganz einfach und hat nichts mit übertriebenem Aufwand zu tun – im Gegenteil, Sie sparen Zeit und gewinnen dabei mehr Spaß und Erfolg.

Auftragsklärung: mehr Klarheit, mehr Erfolg

2

*Wenn über das Grundsätzliche keine Einigkeit besteht,
ist es sinnlos, miteinander Pläne zu schmieden.*

Konfuzius

1. Der Auftraggeber weiß nicht, was er will

Was Projekte so stressig macht, sind die vielen Kehrtwendungen mitten im Projekt. Verantwortlich dafür ist vor allem der Auftraggeber. Scheinbar weiß er nicht, was er will:

- Alle paar Wochen meint er: „Ich habe mir das aber ganz anders vorgestellt." Warum sagt er das erst, nachdem er das Team wochenlang in die falsche Richtung hat laufen lassen?

- Oder Sie erraten es selbst: „So wie sich der Auftraggeber das vorstellt, geht's gar nicht", und können die Arbeit der letzten Wochen noch einmal machen. Meist so, wie Sie sich das von Anfang an vorgestellt, aber nicht gemacht hatten, weil Sie dachten: „Der große Auftraggeber weiß schon, was er sagt." Offensichtlich nicht.

- Am schlimmsten ist, wenn Sie es genau so machen, wie der Auftraggeber es wollte, dieser aber nach Betrachten der Zwischenergebnisse meint: „Eigentlich wollte ich etwas anderes!"

- Als Normalfall gilt schon, dass der Auftraggeber hin und wieder meint: „Das ist prima so. Aber könnte ich noch dieses und jenes haben?" Ständig diese Extrawürste! Kann er nicht gleich sagen, was er will?

Wirklich frustrierend ist, wenn man auf diese Weise erfährt, dass man viel zu viel gearbeitet hat: „Schön, dass Sie mir eine komplette Marktstudie vorlegen. Aber eigentlich wollte ich nur einen kurzen Vorschlag haben."

Warum hat er das nicht gleich gesagt?

Kein Projektleiter regt sich auf, wenn die Vorgaben sich ändern – schließlich ändert sich die Welt täglich. Worüber wir uns aufregen, sind Änderungen, von denen wir mit Fug und Recht erwarten, dass sie der Auftraggeber doch eigentlich hätte schon lange vorher absehen müssen. Warum tat er es nicht? Warum sagt er erst jetzt, was er möchte? Das verstehen wir nicht, und das ist es, was uns aufregt.

Ich erfahre fast täglich, dass sich dieser entnervende Frust verringert, wenn nicht ganz verschwindet, sobald der Projektleiter erfährt, warum der auftraggebende Topmanager nicht gleich sagen kann, was er möchte: Er weiß es selbst nicht. Zwar denken die meisten Projektleiter: „Der Auftraggeber ist ein hohes Tier. Der hat den vollen Überblick. Der weiß viel mehr als ich! Der hat sich das genau überlegt mit meinem Projekt." Doch das stimmt ganz einfach nicht. Die meisten Projektideen fallen dem Auftraggeber morgens unter der Dusche, zwischen Tür und Angel, mitten in einer Sitzung oder einfach nur mal so zwischendurch ein. Er denkt: „Gute Idee, muss man mal verfolgen." Und dann laufen Sie ihm über den Weg: Zack, kriegen Sie das Projekt ab: „Machen Sie mal!"

Selbst wenn Sie das Projekt nicht auf dem Flur erben: Lassen Sie sich nicht täuschen! Viele Auftraggeber präsentieren ihre Projektidee derart professionell und überzeugend, mit Charts, Folien und Renditeerwartung, dass Sie automatisch denken: „Das ist voll durchdacht! Da muss ich nur noch loslegen!" Hereingefallen! Was überzeugend präsentiert wird, ist nicht unbedingt auch durchdacht.

Wenn Sie scharf nachdenken, kommen Sie schnell zu dem Ergebnis, dass die Projektidee gar nicht durchdacht sein kann: Woher nähme der Auftraggeber denn

■ die Zeit, das so genau durchzudenken? Dafür hat er doch Sie, den Projektleiter;

■ das Know-how? So tief steckt er nicht im Thema.

Praxis-Tipp:

Gehen Sie davon aus, dass die Projektidee nicht vollständig ausgereift ist.

Diese Erkenntnis ist zwar einleuchtend, doch viele Projektleiter haben damit ihre liebe Mühe.

2. Wer tut, was der Chef sagt, macht einen Fehler

Viele Projektleiter reagieren entrüstet, wenn sie erfahren, dass die meisten Projektaufträge nicht durchdacht sind:

„Aber das muss er doch vorher genau planen!"

„Er hat doch viel mehr Erfahrung als ich!"

„Wenn er die Sache so wenig durchdacht hat, dann ist er eben selber schuld."

Das sind verständliche Reaktionen, doch haben sie einen Haken: Sie helfen Ihnen nicht im Mindesten. Schlimmer: Die Annahme dahinter trifft zwar auf die „normale" Arbeit zu. Da weiß der Chef es tatsächlich besser, da kann und muss man tun, was er sagt. Doch Projekte sind per Definition keine „normale" Arbeit:

Im Projekt ist es anders als gewohnt: Der Chef weiß es nicht besser.

Für die meisten von uns ist das eine schwer zu akzeptierende Erkenntnis. Wir sind es von der „normalen" Arbeit her gewohnt, dass gemacht wird, was der Chef sagt, dass er Bescheid weiß, dass man ihn nicht in Frage stellt. Die Arbeitspsychologen sprechen von erlernter Folgsamkeit. Eine löbliche Tugend – im Projekt ist sie eine schlimme Untugend. Überspitzt formuliert:

Wer im Projekt tut, was der Chef sagt, macht einen Fehler.

Finden Sie mit der Auftragsklärung heraus, was Ihr Chef wirklich meint. Sie gehört zum Handwerkszeug jedes guten Projektleiters und vermeidet Unklarheiten.

Praxis-Tipp:
Ein klarer Auftrag und klare Ziele sind keine Bringschuld des Auftraggebers, sondern Holschuld des Projektleiters.

Sorgen Sie dafür, dass Auftrag und Ziele eindeutig sind. Je schneller Sie das akzeptieren und umsetzen, desto leichter und erfolgreicher wird Ihr Projekt.

Wenn das Problem auftaucht, ist es zu spät

Viele Projektleiter regen sich auf, wenn sie nach Tagen oder Wochen erfahren, dass der Auftraggeber die Aufgabenstellung eigentlich ganz anders verstanden hat. Verschaffen Sie Ihrer Aufregung Luft (vor oder hinter dem Chef), aber machen Sie sich auch in aller Deutlichkeit klar: Das Problem entsteht nicht dann, wenn es auftaucht. Sollten Sie in Projektwoche drei erfahren, dass es eigentlich in eine andere Richtung gehen soll, ist das Problem schon vor drei Wochen entstanden. Nämlich dann, als Sie es versäumten, den Auftrag so gründlich und eindeutig zu klären, dass nach drei Wochen eben nicht eine ganz andere Richtung herauskommen kann. Unterschätzen Sie diese Quelle von Projektproblemen nicht:

Die meisten Probleme entstehen viel früher, als Sie denken.

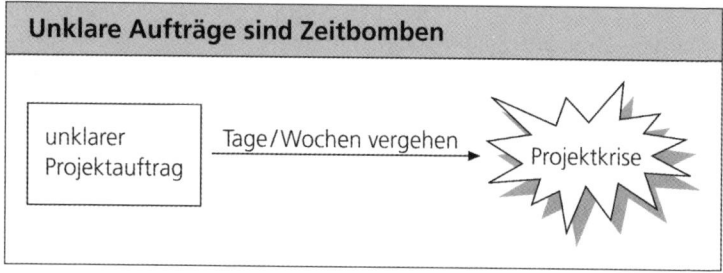

Unklare Aufträge sind Zeitbomben

unklarer Projektauftrag → Tage / Wochen vergehen → Projektkrise

Eine große Zahl von Projektproblemen entsteht allein dadurch, dass man zu Beginn die Projektziele nicht genau festlegt. Vielleicht mag Ihnen eine gründliche Auftragsklärung lästig und zeitraubend erscheinen. Doch bedenken Sie:

> Für jede Minute, die Sie bei der Auftragsklärung „sparen", verlieren Sie im Projektverlauf Stunden und Tage für unnötige Probleme.

Denn je später Unklarheiten entdeckt werden, desto länger haben Sie in die falsche Richtung gearbeitet. Sie können niemals alles hundertprozentig klar machen. Aber Sie können alles klären, was man zu Beginn eines Projektes klären kann. Tun Sie es. Sprechen Sie mit Ihrem Auftraggeber.

Keine Angst vor hohen Tieren

Natürlich weiß jeder Projektleiter, dass er den Auftraggeber fragen muss, wenn er einen klaren Auftrag möchte. Schließlich gehört Auftragsklärung zum Projektmanagement. Doch leider ist der Auftraggeber nicht irgendjemand, sondern meist ein erfahrener Manager – und an diesem Punkt verlässt viele Projektmanager der Mut: Wie fragt man so ein „hohes Tier", ohne dass man seinen Zorn provoziert?

„Das ist dem Mann doch lästig, wenn ich ihn so ausfrage!", befürchten viele Projektmanager. Seien Sie beruhigt: Das ist ein Trugschluss. Gute Manager schätzen es, wenn Sie fragen – das zeigt Ihr Interesse und Ihr Engagement. Die meisten sagen sogar: „Meine Leute machen den Mund nicht auf. Die fragen nicht nach, wenn etwas unklar ist. Die trotten wie die Schafe hinterher, die denken einfach nicht unternehmerisch!" Denken Sie unternehmerisch – fragen Sie!

„Aber mein Auftraggeber hat dafür doch keine Zeit – der hat so einen vollen Terminkalender!", ist der nächste Anlass für Schwellenangst vor der Auftragsklärung. Der Terminkalender ist voll? Dann ist es Ihre erste Aufgabe als Projektleiter, noch mit in diesen hineinzukommen.

Ein guter Manager erkennt, dass Sie ein guter Projektleiter sind, wenn Sie eine gute Auftragsklärung machen. Unwirsche Reaktionen sind extrem selten. Vorausgesetzt, Sie fragen klug. Und genau das tun Projektleiter nicht, die den Zorn des Auftraggebers fürchten. Sie fürchten ihn, weil sie ihre Fragetechnik kennen:

„Also Herr Projektleiter, wir müssen unbedingt in den Consumer-Bereich gehen, machen Sie mal eine Marktstudie!"

„Warum das denn? Die letzte ist doch erst drei Monate alt!"

Dass der Auftraggeber daraufhin negativ reagiert, ist klar. Weil er gegen eine Auftragsklärung ist? Nein, weil er Widerspruch nicht gerne duldet. Ein klug formulierender Projektleiter fragt vielmehr:

„Eine gute Idee. Der Markt hat sicher Potenzial. Sehen Sie wesentliche Marktveränderungen seit der letzten Marktstudie?"

„Nein, eigentlich nicht. Aber ich möchte dran bleiben, sonst verschlafen wir möglicherweise eine neue Entwicklung."

Damit ist klar, was er will, und vor allem, warum er es will.

Schon an diesem kleinen Beispiel sehen Sie, wie einfach eine gute Auftragsklärung ist. Sie benötigen dafür nur zwei Dinge: eine konstruktive Einstellung und eine analytische Fragetechnik.

3. Die konstruktive Einstellung

Das hört sich nun sehr einfach an: eine konstruktive Einstellung entwickeln. Tatsächlich ist eine positive Einstellung das Letzte, woran Sie denken, wenn Sie ein Projekt „aufgebrummt" bekommen. Die meisten Projektleiter denken im ersten Augenblick:

„Nicht auch das noch! Dafür habe ich nun wirklich keine Zeit!"

„Was hat er sich denn dabei bloß gedacht?"

Diese Reaktionen sind nur allzu menschlich, darum lassen Sie sie zu. Doch dann schalten Sie Ihren gesunden Menschenverstand wieder ein. Denn wenn Sie es nicht tun, werden Sie mit diesen Einstellungen im Hinterkopf so patzig wie der erwähnte Projektleiter fragen:

„Ist das wirklich nötig?"

„Wozu soll denn das gut sein?"

„Aber wie sollen wir das denn unterkriegen?"

Das regt den Auftraggeber auf und trägt nichts zur Klärung bei.

> Negative Einstellung → negative Wortwahl → negative Reaktion des Auftraggebers → immer noch unklare Auftragslage

Eine der negativsten Einstellungen für die Auftragsklärung ist die folgende: „Was soll's? Unsere Auftraggeber sind doch alle total unentschlossen. Da überlegt sich doch keiner was." Diese Einstellung führt zu Passivität. Und Passivität macht aus einem unklaren Auftrag keinen klaren Auftrag. Mit einer negativen Einstellung regen Sie nicht nur den Auftraggeber auf, Sie schaden auch sich selbst.

Zwei Säulen der Auftragsklärung

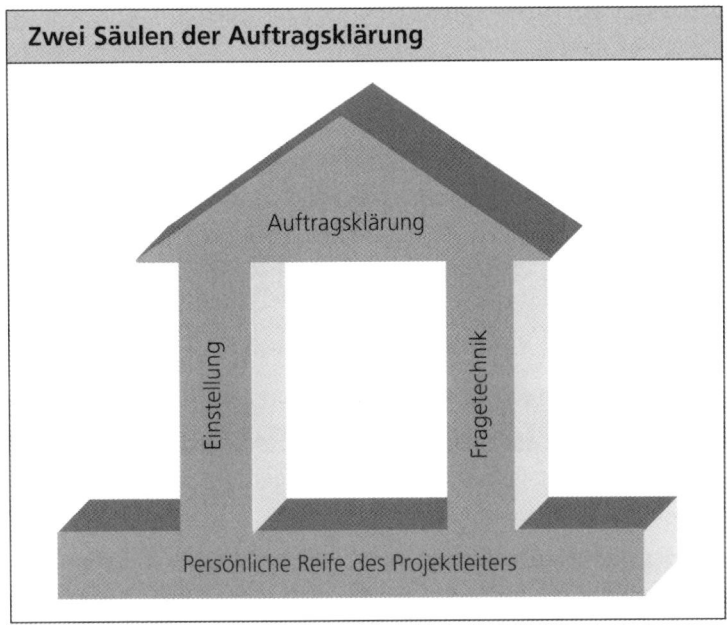

Machen Sie sich im Augenblick der Auftragserteilung Ihre spontan negative Einstellung bewusst. Lassen Sie sie für einen Augenblick zu. Denn was man bekämpft, wird nur noch stärker. Dann entwickeln Sie eine positive Einstellung. Sie kennen vielleicht das Beispiel vom halbvollen/halbleeren Glas: ein Ding – zwei Einstellungen. Man kann es sehen, wie man will. Sehen Sie es so, dass es Ihnen möglichst viel bringt. Erfahrene Projektleiter sind Meister im Entwickeln konstruktiver Einstellungen. Ja, Einstellungen muss man entwickeln, man muss daran arbeiten. Sie fallen einem nicht bloß so zu. Hier einige Beispiele für mögliche Einstellungen:

Die Sinn-Vermutung: „Seine Ideen erscheinen mir auf den ersten Blick etwas abstrus", sagt eine Projektmanagerin eines IT-Unternehmens. „Aber kein Mensch macht sinnlose Vorschläge. Für ihn machen sie Sinn. Also versuche ich herauszufinden, welcher das ist."

Auftragsklärung: mehr Klarheit, mehr Erfolg

Die *professionelle Neugier*: „Ich stelle meine persönliche Belastung einen Augenblick zurück und frage mich: Okay, was könnte uns das bringen? Könnte sich das zu einer guten Sache entwickeln?", meint ein Projektleiter im Maschinenbau.

Die *Dienstleistungs-Haltung*: „Ich bin so eine Art Berater für meinen Chef", sagt ein Ingenieur in der Elektrotechnik. „Wenn er etwas Abgehobenes will, sage ich ihm, unter welch hohen Voraussetzungen das möglich sein wird." Diese Einstellung ist hochprofessionell, weil sie den Projektmanager davor schützt,

- zu allem Ja und Amen sagen zu müssen;

- dem Chef seine abgehobene Idee ausreden zu müssen.

Wer einfach nur die Voraussetzungen aufzählt, bringt den Chef viel eher zur Vernunft oder zum Bewilligen der nötigen Ressourcen.

Der *gesunde Menschenverstand*: Ein Projektleiter im IT-Bereich hat eine der einleuchtendsten Einstellungen überhaupt: „Ich kann ja nicht einfach ins Blaue hinein losarbeiten! Ich muss den Auftrag klar formulieren, auch wenn es mir und dem Auftraggeber schwerfällt. Denn wenn wir das nicht zu Beginn machen, tut es uns während des Projektes viel mehr weh."

Die *Dialog-Einstellung* ist so verblüffend einfach wie wirkungsvoll. Eine Projektleiterin aus einem Versicherungsunternehmen verriet mir einmal: „Die besten Lösungen entstehen niemals durch Anweisung. Sie entstehen immer im Dialog. Also gebe ich meinem Auftraggeber die Chance dazu."

Die *Partnerschaft* ist die am höchsten entwickelte Einstellung. Sie demonstriert eine absolut bewundernswerte persönliche Reife des Projektleiters. Vor allem deshalb, weil wir in der „normalen" Arbeit eben keine Partner und keine Mitunternehmer sind – auch wenn die vierfarbigen Hochglanz-Firmenbroschüren das vorgaukeln. Wer bei der normalen Arbeit brav Anweisungen ausführt, sich im Projekt aber zum Partner des Auftraggebers aufschwingt, löst das

Problem perfekt. Bei der „normalen" Arbeit ist der Chef „oben" und Sie „unten". Im Projekt sind Sie beide zumindest in bestimmten Fragen gleichberechtigt. Und zu diesen Fragen gehört die Auftragsklärung.

Denken Sie daran: Der Auftraggeber braucht bei der normalen Arbeit hauptsächlich Mitarbeiter, die seine Anweisungen ausführen. Im Projekt dagegen braucht er eher Partner. Bitte verwechseln Sie Rollen nicht – das hat in beiden Fällen peinliche Folgen.

In der Praxis stelle ich immer wieder fest, dass Projektleiter mit einem hohen Grad an Selbstbehauptung, innerer Unabhängigkeit und Selbstständigkeit viel weniger Probleme mit der Auftragsklärung haben als Kolleginnen und Kollegen, die immer irgendwie darauf warten, dass der Übervater ihnen sagt, wo es lang geht. Selbstbewusste Menschen trauen sich eine fundierte Auftragsklärung viel eher zu als Menschen, die sich auch dann unterordnen, wenn es für sie und ihren Auftraggeber gar nicht so gut ist. Wer ausreichend Selbstbewusstsein mitbringt, verfällt auch nicht so leicht in eine anklagende, vorwurfsvolle Einstellung wie zum Beispiel diese: „Aber das geht doch nicht. Wie soll ich denn das auch noch schaffen?" In dieser Hinsicht lohnt etwas Arbeit an Ihrem Selbstvertrauen: Sie machen sich und Ihrem Auftraggeber die Auftragsklärung viel leichter und ertragreicher.

4. Die analytische Fragetechnik

Die meisten Projektleiter verspüren spontan Widerstand, wenn sie zum ersten Mal die Projektidee des Auftraggebers hören: „So geht das nicht, wie Sie sich das vorgestellt haben. Marketing gibt uns momentan keine 20 Personentage!"

Das muss man sich mal vorstellen. Da kennen Sie Ihren Chef nun schon so lange und leisten sich trotzdem so einen Klops. Sie wissen doch, was der Auftraggeber darauf sagt: „Sagen Sie mir nicht, warum es nicht geht. Sagen Sie mir, wie es geht." Und Abgang.

Ja was sollen Sie denn machen? Irgendwie müssen Sie ihm doch sagen, dass er unrealistische Vorstellungen hat! Gewiss, aber sagen Sie es so, dass er es nicht abschmettert, sondern akzeptiert.

> Der Ton macht die Musik. Ein kluger Mann/eine kluge Frau fragt klug.

Mit einer guten Einstellung müssen Sie sich noch nicht mal die passenden klugen Worte mühsam ausdenken – sie kommen von alleine. Wenn Sie sich zum Beispiel als Dienstleister verstehen, werden Sie niemals sagen, warum etwas nicht geht. Denn damit verhindern Sie die eigene Dienstleistung. Sie möchten Dienst leisten, also sagen Sie ihm: „Gute Idee. Und wenn uns das Marketing 20 Personentage gibt, ist sie auch machbar." Damit sensibilisieren Sie den Auftraggeber für das Problem, das heißt, er kann jetzt schon überlegen, wie er die Kapazitäten bekommt.

> Wer gut fragt, bekommt gute Antworten.

Es gibt noch einen Grund, weshalb Sie die Auftragsklärung niemals damit beginnen sollten, warum etwas nicht geht: Sie finden nicht heraus, was der Auftraggeber eigentlich will. Und das muss oberstes Ziel Ihrer Auftragsklärung sein. Setzen Sie die analytische Fragetechnik ein, um dieses Ziel zu erreichen:

- Stellen Sie die Zielfrage
- Unterscheiden Sie zwischen Ziel und Lösung
- Machen Sie Ihre Ziele messbar

Was wollen Sie erreichen? Die Zielfrage!

Solange Sie nicht wissen, was Ihr Auftraggeber wirklich will, sind alle Einwände und Vorbehalte verfrüht. In unserem Beispiel stellt sich heraus, dass für das Ziel des Auftraggebers gar keine Marketing-Unterstützung nötig ist. Bevor Sie ihm also sagen, warum etwas nicht geht, finden Sie erst einmal heraus, was er wirklich will. Denn das ist meist unklar. Viele Projektleiter gehen hier in die Falle: Sie konzentrieren sich auf das, was klar ist: Warum etwas nicht geht. Sie vergessen dabei ganz, nach dem zu fragen, was unklar ist: Wohin es überhaupt gehen soll.

Praxis-Tipp:

Die erste Frage der Auftragsklärung ist die Zielfrage: Was wollen wir damit erreichen?

Stellen Sie die Zielfrage in den verschiedensten Varianten, um wirklich jeden Aspekt des Projektziels zu erfassen:

- Was soll am Ende des Projekts anders sein als vorher?

- Woran merken wir, dass das Projekt Erfolg hatte?

- Was soll mit dem Projektergebnis unternommen oder erreicht werden?

- Wozu dient das Projektergebnis?

- Wer hat etwas davon?

Notieren Sie die Antworten, denn diese ergeben Ihren Zielkatalog. Hinterfragen Sie unbefriedigende Antworten so lange, bis Ihnen klar wird, welches Ziel sich dahinter versteckt. Musterhaft für unklare Antworten ist die Negativ-Antwort: „Wir haben ein Problem – lösen Sie es!" Diese Antwort ist negativ, weil sie etwas beschreibt, was man nicht haben will. Sie sagt leider nicht, was der Auftraggeber stattdessen haben möchte. Es ist gerade so, als ob er sagte: „Ich will weg aus Frankfurt, weil es mir hier nicht mehr gefällt!" Mag sein – aber wohin? Hamburg? Oder München? Das heißt, das Ziel seines Auftrags ist völlig im Unklaren. Die möglichen Ziele können weit voneinander entfernt liegen.

Erraten Sie die Ziele Ihres Auftraggebers nicht, erfragen Sie sie.

Auftragsklärung: mehr Klarheit, mehr Erfolg

Nutzen Sie die analytische Fragetechnik und die vielen Varianten der Zielfrage. Es kann Ihnen dabei auch passieren, dass Sie mit einem klar definierten Ziel aus der Auftragsklärung gehen und nach einigen Tagen bemerken, dass das Ziel doch nicht so klar ist, wie Sie ursprünglich angenommen hatten. Dann überlegen Sie sich alle Fragen, die das Ziel klarer machen – und vereinbaren Sie einen zweiten Gesprächstermin. Und machen Sie sich deshalb keine Vorwürfe:

> Viele Ziele werden erst nach einem zweiten Gespräch so richtig klar.

Weil selbst beim denkbar simplen Instrument der Zielfrage in der Praxis gravierende Fehler begangen werden, betrachten wir dazu ein Beispiel:

Beispiel:

Ein Auftraggeber und sein Projektleiter sitzen in einer Besprechung. Der Auftraggeber möchte ein neues DV-System zur Unterstützung der internen Abläufe. Es wird viel über die zur Auswahl stehenden Systeme geredet: Kosten, Optionen, Schnittstellenproblematik, notwendige Hardware-Voraussetzungen ... Das ist alles schön und gut und nötig. Doch über der typischen Fachsimpelei zu technischen Details vergisst der Projektleiter glatt, die Frage aller Fragen zu stellen: Wozu denn überhaupt? Was wollen wir damit erreichen?

Wir können uns leicht ausmalen, was passiert, wenn der Projektleiter diese Frage versäumt: Er macht sich viele Tage die größte Mühe mit seinem Projekt und landet dann ein sattes Eigentor. Denn buchstäblich nichts, was er erreicht, wird seinen Auftraggeber zufrieden stellen – es sei denn, er trifft zufällig exakt das, was dieser sich wünschte. Das wäre ein Fall von Telepathie oder glücklichem Zufall. Wollen Sie sich etwa auf den Zufall verlassen?

Wenn unser beispielhafter Projektleiter klug ist, fragt er deshalb seinen Auftraggeber: Was konkret möchten wir denn mit dem neuen System erreichen? Wir wissen, dass das alte System die Benutzer völlig unnötig aufhält und viele vom Kunden geforderte Optionen einfach nicht hat. Aber ist das alles, was wir uns wünschen? Oder was kommt sonst noch hinzu? Wollen wir vielleicht auch weniger Reklamationen, zufriedenere Mitarbeiter, mehr Umsatz mit denselben Kunden, … es liegt auf der Hand: Wenn Sie diese Fragen nicht zu Beginn stellen, werden sie Ihnen im Laufe des Projektes als lästige, zeitraubende, Ressourcen verschlingende, erfolgsbedrohende und stressige Change Requests (Änderungswünsche) Ihres Auftraggebers begegnen.

Klatscht der Auftraggeber begeistert in die Hände, wenn Sie ihm die Frage aller Fragen stellen? Wohl kaum, denn dafür fehlt Auftraggebern oft der Einblick ins Projektmanagement. Nur so kann man erklären, dass viele von ihnen falsch reagieren. Sie dürfen sich darüber ärgern – aber Sie müssen sich auch darauf vorbereiten:

„Was meinen Sie denn damit, was wir erreichen wollen? Das ist doch klar!" Ein erfahrener Projektleiter erwidert darauf: „Es ist Ihnen klar. Bitte machen Sie es auch mir klar. Das würde mir helfen." Wenn der Auftraggeber daraufhin zögert, wissen Sie: Nichts ist klar. Er hat sich die Zielfrage niemals selbst gestellt. Ertappt! Im Ernst: Zeigen Sie hier keine Schadenfreude. Zeigen Sie sich als Partner und Dienstleister. Helfen Sie dem Auftraggeber, seine Ziele zu artikulieren und zu dokumentieren. Sie helfen damit ihm und sich selbst. Eine weitere häufige Reaktion des Auftraggebers ist:

„Was dabei herauskommen soll, merken wir doch erst am Ende."

„Sicher. Schön wäre es, wenn wir jetzt schon überlegten, was am Ende herauskommen soll – damit wir es auch wirklich erreichen."

Das ist die berühmte Zielorientierung, die eigentlich von jeder Führungskraft erwartet wird. Aber sagen Sie das nicht Ihrem Auftraggeber. Das wirkt oberlehrerhaft und reizt ihn nur. Und seien Sie auch nicht entrüstet, dass er als großer Manager so etwas Grundlegendes wie Zielorientierung offensichtlich nicht kennt. Denn dafür braucht er Sie als Partner, Dienst- und Projektleiter: Damit Sie ihm geben, was ihm fehlt. Chefs sind keine allwissenden Götter. Im Projekt brauchen sie Partner, die mitdenken.

5. Unterscheiden Sie zwischen Ziel und Lösung

Es gibt einen riesigen Unterschied zwischen Zielen und Lösungen, der leider vielen Projektleitern nicht geläufig ist, was wiederum zu beträchtlichen Projektproblemen führt. Betrachten wir für diesen extrem wichtigen Punkt der Auftragsklärung ein Praxisbeispiel.

Beispiel:

Klaus Alt soll für ein neues Marktsegment ein Zugangssicherheitssystem entwickeln: „Neu, innovativ, dezentral gesteuert", sagt der Auftraggeber. Die dezentrale Steuerung ist eine harte Nuss. Nach fünf Wochen hat Entwickler Alt sie geknackt. Da kommt prompt die Änderung: „Nicht mehr dezentral, sondern über Zentralrechner, dafür aber mit Magnetkarten." Kaum hat Alt diesen Schlag verdaut, erfolgt die nächste Kehrtwende: „Nicht mit Magnetkarten, sondern mit Ausweisen mit integriertem elektronischem Chip." Alt geht erst mal fünf Stunden Net-Surfen, um seinen Frust abzubauen: „Dieser Amateur! Wann weiß er denn endlich, was er will?" Gegenfrage: Warum hat sich Alt derart täuschen lassen? Weil er zwei Dinge verwechselt hat: Ziel und Lösung. „Mein Ziel muss ein neues System sein."

Er dachte, das neue System sei sein Projektziel. Dabei war es nur eine mögliche Lösung für das Ziel. Das eigentliche Ziel seines Auftraggebers lautete nämlich ganz anders: In den Markt für Zugangssicherheitssysteme für dezentrale Unternehmen eindringen! Seine Gleichung müsste also viel eher lauten:

Ziel = neuen Markt erobern
eine mögliche Lösung dafür = neues Sicherheitssystem

Weil aber dieser neue Markt von einem Konkurrenten besetzt ist und dieser ständig neue Kampagnen startet (um den drohenden Newcomer abzuschrecken), muss Alts Auftraggeber ständig flexibel reagieren, um immer einen Schritt voraus zu sein. Hätte Alt nicht nur die Lösung (das neue Produkt), sondern auch das Ziel (Marktbearbeitung) gekannt, hätte er mitdenken können und manche Änderung zeitlich oder konzeptionell antizipieren können.

Ziele und Lösungen	
Beispiele für Ziele	**und Lösungen dafür:**
Umsatzsteigerungen um 30%	■ neues Produkt oder ■ effektiverer Vertrieb oder ■ besseres Marketing
20% mehr Produktivität	■ Schulung oder ■ bessere Dokumentation oder ■ Umorganisation oder ■ neues IT-System

Für ein und dasselbe Ziel kann es mehrere Lösungen geben.

Auftragsklärung: mehr Klarheit, mehr Erfolg

Viele Projektleiter verwechseln Ziel und Lösung. Sie glauben deshalb, dass sich während der Projektarbeit ständig ihre Projektziele ändern. Tatsächlich bleiben diese konstant – die meisten Projektleiter erkennen sie bloß nicht, sondern ärgern sich über ständige Änderungen der Lösung. Ärgern Sie sich nicht. Freuen Sie sich darüber. Oder möchten Sie eine Lösung vorstellen, die schon bei der Präsentation überholt ist?

Das heißt für Sie: Klären Sie immer die Ziele, auch wenn der Auftraggeber zunächst nur die Lösung als Auftrag gibt. Fragen Sie nach, bohren Sie: Was wollen wir damit erreichen? Wenn der Auftraggeber daraufhin erstaunt die Augenbrauen hebt, erklären Sie ihm, welche Bedeutung die Ziele für Sie haben. Er braucht Ihnen ja nicht unbedingt strategische Geheimnisse zu verraten. Klären Sie die Ziele so weit wie möglich.

Diese lösungsunabhängige Zielklärung hat noch einen Vorteil: Wird das Ziel hinter der Lösung auch dem Auftraggeber klar, ändert dieser häufig Ihren Projektauftrag, weil er sieht, dass diese Lösung gar keine ist. Und das noch, bevor Sie drei Wochen in die falsche Lösung investieren. Gerade kapazitätsbewusste Auftraggeber sind dafür dankbar: „Gut, dass wir darüber geredet haben."

So gibt es auch viele Projekte, bei denen sich während der Auftragsklärung herausstellt, dass es deutlich kostengünstigere Lösungen gibt, als der Auftraggeber dachte. Dadurch ergeben sich oft schon zu Beginn eines Projekts gewaltige Einsparpotenziale.

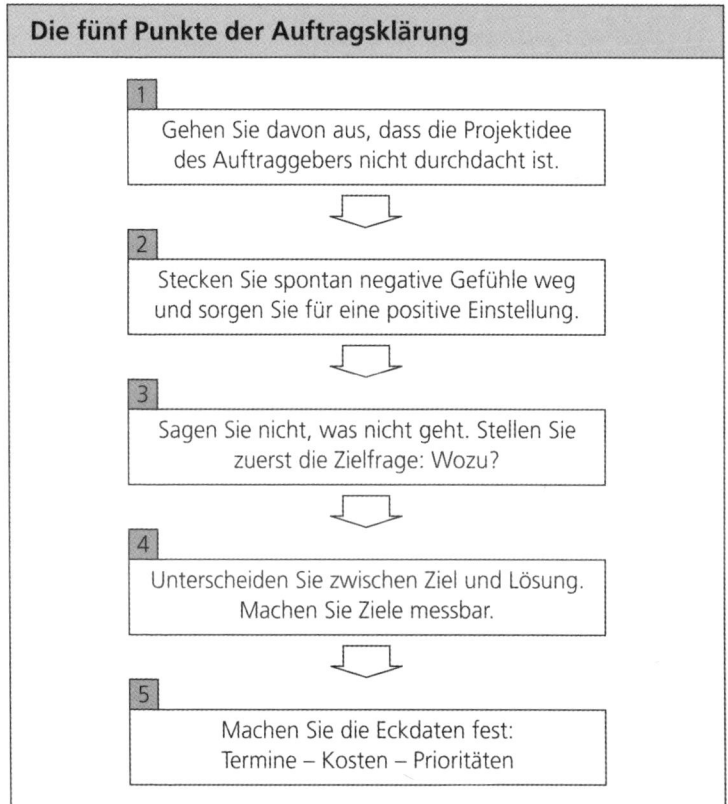

Die fünf Punkte der Auftragsklärung

1. Gehen Sie davon aus, dass die Projektidee des Auftraggebers nicht durchdacht ist.

2. Stecken Sie spontan negative Gefühle weg und sorgen Sie für eine positive Einstellung.

3. Sagen Sie nicht, was nicht geht. Stellen Sie zuerst die Zielfrage: Wozu?

4. Unterscheiden Sie zwischen Ziel und Lösung. Machen Sie Ziele messbar.

5. Machen Sie die Eckdaten fest: Termine – Kosten – Prioritäten

Die Lösungs-Euphorie

Der Unterschied zwischen Lösung und Ziel ist aus einem weiteren Grund bedeutsam: In jedem Projekt besteht die Gefahr der Lösungs-Euphorie.

Vor lauter Begeisterung über eine tolle Lösung verliert man das Projektziel aus den Augen.

Wir kennen alle diese gefährliche Euphorie. Zum Beispiel sind wir von unserem neuen IT-System so begeistert, dass das komplette Projektteam nur noch darüber nachdenkt, wie man noch eine Option, noch eine Zusatzfunktion und noch eine Bearbeitungsbeschleunigung einbauen könnte – ohne jemals auch nur einmal darüber nachzudenken, was diese tollen Lösungen denn zu unserem Projektziel beitragen. Meist bringen sie nichts. Im Gegenteil: Sie verschlingen Zeit und Ressourcen auf Kosten von notwendigen Arbeiten, die einfach liegen bleiben.

Praxis-Tipp:

Fragen Sie sich bei wirklich allem, was Sie im Projekt tun:

- Bringt das etwas?
- Trägt das wirklich zu unseren Zielgrößen bei?
- Arbeiten wir gerade für die Lösung oder für unsere Ziele?
- Sind Verbesserungen wirklich zieldienlich oder nicht?

6. Machen Sie Ziele messbar

Viele Auftraggeber antworten auf die Gretchenfrage nach den Projektzielen etwa so: „Na, damit wir effizienter arbeiten!" Aber was meint er denn damit? Das ist völlig unklar. „Effizienter arbeiten" kann so ziemlich alles bedeuten. Solange Sie das nicht geklärt haben, handeln Sie sich Ärger ein. Sie erreichen zum Beispiel unter unmenschlichem Einsatz eine 14-prozentige Output-Steigerung – eine klare Effizienzsteigerung – was Ihren Auftraggeber auf die Barrikaden treibt, weil er eine 20-prozentige Kostenreduktion im Sinn hatte – auch das ist eine Effizienzsteigerung. Deshalb:

Machen Sie aus schwammigen Zielen konkrete Ziele.

Vereinbaren Sie Zahlen. Oder zumindest Größenordnungen, Zahlenintervalle, Zielkorridore oder Minimal-, Optimal- und Maximalziele. Ziele müssen messbar sein. Und lassen Sie sich nicht von dem Argument verunsichern, dass einige Ziele, vor allem die berühmten „weichen Faktoren", nicht messbar seien. Alles ist messbar, wie bereits Lord Kelvin, Erfinder der Kelvin-Temperaturskala, sagte: „Everything that exists, exists in a quantity and can therefore be measured."

Benutzen Sie wiederum die analytische Fragetechnik, um Ziele messbar zu machen. Fragen Sie den Auftraggeber:

- An welchen messbaren Größen merken wir, dass unser Projektziel erreicht wurde?

- Wann hat sich das Projekt gelohnt?

- Woran unterscheiden Sie ein Spitzenergebnis von einem ausreichenden oder einem schlechten Ergebnis?

Solche Fragen helfen Ihnen, verlässliche Messkriterien zu finden.

Weiche Faktoren messen

Viele Projektziele wie Umsatz, Durchlaufzeit, Zugriffszahlen, Fehlerrate oder Verfügbarkeit lassen sich problemlos messen. Die sogenannten weichen Faktoren sind jedoch problematisch, wie beispielsweise Kundenzufriedenheit, Nutzerakzeptanz oder Benutzerfreundlichkeit. Tauchen diese Parameter als Projektziele auf, werfen viele Projektleiter die Flinte ins Korn: „Wie soll ich denn so etwas messen? Das sind doch total subjektive Größen!"

Die Entrüstung ist zwar verständlich, aber etwas verfrüht. Denn wer ein bisschen nachdenkt, findet für alle weichen Faktoren harte Messkriterien. Betrachten wir das Projektziel „Benutzerfreundlichkeit". Seine Zielerreichung lässt sich einfach durch eine Nutzerbefragung ermitteln, bei der ein statistisch auf Zuverlässigkeit und Generalisierbarkeit geprüfter Fragebogen eingesetzt wird. Das konkrete Projektziel könnte dann sein: „80 Prozent aller Befragten müssen das neue Produkt als leicht oder sehr leicht zu benutzen beschreiben." Sie können dieses Ziel auch an der Zahl der Hotline-Anrufer messen, die Fragen zur Benutzung des Produktes stellen, und als Zielgröße definieren: „Die Zahl der Anwendungsfragen darf zehn Prozent nicht überschreiten."

Messgrößen schaffen Transparenz. Sie werden oft erleben, dass Sie erst bei der Messgrößen-Festlegung überrascht erkennen werden, dass der Auftraggeber etwas ganz anderes unter dem Projektziel versteht als Sie. Gerade bei technischen Projekten passiert es oft, dass man erst bei der Vereinbarung von Zielzahlen feststellt: „Hoppla, der Auftraggeber möchte ja gar nicht so viel wie befürchtet. Er ist schon mit einer 80-Prozent-Lösung zufrieden."

Bei Organisationsprojekten ist meist das Gegenteil der Fall. Oft bemerken Sie erst, wenn Sie Zielgrößen vereinbaren, dass der Auftraggeber viel mehr erwartet, als Sie bislang annahmen. Oft möchte er so viel mehr, dass Ihr Projekt sogar eine unternehmenspolitische Dimension bekommt. So erwartete zum Beispiel ein Geschäftsführer eines mittelständischen Unternehmens, dass sein Verkaufstrainings-Projekt die Kundenzufriedenheit steigere. Der Projektleiter zeigte sich sehr zuversichtlich und stieg umgehend in die Planung ein, bis er in einem zweiten Gespräch die Maßgröße festlegen wollte und ihn fast der Schlag traf: „Sie möchten eine Steigerung der Kundenzufriedenheit um 20 Prozent? Durch Verkäuferschulung allein? Wie sollen denn die Kunden wesentlich zufriedener werden, solange wir in der Fertigung die monatelangen Lieferverzögerungen nicht beseitigen? Nur weil die Verkäufer freundlicher verkaufen und kundenorientierter beraten, bekommen die Kunden doch ihre Waren nicht schneller!"

Da wurde dem Projektleiter schlagartig klar, weshalb er das Projekt bekommen hatte: Die Fertigung zu optimieren, war gerade unternehmenspolitisch nicht opportun. Also wollte man ganz einfach die Verkäufer schulen. Ein Himmelfahrts-Projekt für den Projektleiter? Nein, im Gegenteil. Erst nachdem die Zielzahl klar war, konnte er vernünftig mit seinem Auftraggeber über sein Projekt verhandeln.

Selbst wenn ein Projektziel utopisch ist, liefert erst die konkrete Zielzahl eine vernünftige Basis für konstruktive Verhandlungen.

In unserem Fall erreichte der Projektleiter eine Reduktion seiner Zielzahl auf zehn Prozent. Außerdem überlegt sich die Geschäftsleitung seither ernsthaft, endlich die Fertigung zu modernisieren.

7. Die Luftschloss-Falle

Jede Auftragsklärung wird an einem ganz bestimmten Punkt stressig: Kosten und Termine. Dieser Stresspunkt erinnert stark an den privaten Hausbau: Da sitzt man mit dem Architekten zusammen, möchte hier noch einen Aufgang und da noch einen Balkon, ein offener Kamin wäre auch nett und selbstverständlich ein Sprudelbecken im Bad. Dann nennt der Architekt den ungefähren Preis für das ganze Luftschloss und holt das Riechsalz zur Wiederbelebung des Häuslebauers aus der Schublade. Viele Auftraggeber verhalten sich exakt nach diesem Luftschloss-Muster.

Sie entwerfen vor Ihnen ihre Idee, sprechen über die Ziele und Möglichkeiten, was alles drin und dran sein soll – dann lassen sie ihre Termin- und Kostenvorstellung fallen und Sie trifft der Schlag. Ein Projektleiter sagt dazu: „Auftraggeber und Kunden sind doch alle gleich. Jeder will alles, möglichst gestern und natürlich gratis." Sofern Ihnen die Projektidee des Auftraggebers noch plausibel erschien, spätestens bei Termin und Kosten ist klar: „Das geht doch gar nicht!" In dieser Situation reagieren viele Projektleiter falsch:

- Sie lassen sich von der Situation überraschen, obwohl klar ist, dass diese Situation Bestandteil jeder Auftragsklärung sein muss – Ausnahmen bestätigen die Regel. Also bereiten Sie sich darauf vor.

- Sie reagieren spontan: „So schnell und mit diesem Budget? Wie soll das gehen?" Diese Frage bringt Sie nicht weiter.

- Sie reißen entsetzt die Augen auf, schlucken die Kröte und haben nach drei Projekten ein Magengeschwür. Wer schluckt, ist selber schuld. Es gibt Besseres.

Kosten und Termine: Zahlen auf den Tisch!

Sie finden utopische Kosten- und Terminvorstellungen von Auftraggebern oder Kunden zum Davonlaufen? Dann lassen Sie uns einen Schritt weiter gehen und eine noch bedrohlichere Situation ausmalen: Ihr Auftraggeber hat keine utopischen Termin- und Kostenvorstellungen, sondern er hat gar keine Vorstellungen!

Diese Situation klingt verrückt, ist aber bei vielen Projekten, insbesondere bei internen Projekten, die Regel. Da wird über Termine und Kosten einfach nicht geredet! Warum nicht? „Interne Projekte muss man nicht kalkulieren, die kosten nichts, die Leute sind ja eh schon da und bekommen ihr Gehalt." Deshalb spricht man auch von den berühmten Eh-da-Ressourcen. Wer so denkt, macht dem kaufmännischen Stand keine Ehre – was nicht so schlimm wäre. Schlimmer sind die wirtschaftlichen Konsequenzen dieser Kalkulationsverweigerung:

- Da die Projekte zusätzlich zur normalen Arbeit erledigt werden müssen, kommt es meist zu massiven Überstunden – siehe da, plötzlich verursacht das Projekt also doch Kosten.

- Nicht wenige Projektleiter schämen sich, dass sie das Projekt nicht „nebenher" schaffen, und leisten ihre Überstunden unbezahlt. Das geht ein, zwei Projekte gut, dann brennen sie aus. Etliche Unternehmen kalkulieren damit: „Wir wechseln die Leute sowieso nach zwei Projekten aus." Weil dabei die ganze Erfahrung der Leute verloren geht, verursacht dies langfristig viel größere Kosten als eine ordentliche Kalkulation.

- Die meisten Projektleiter merken, dass der Auftraggeber sich getäuscht hat und das Projekt eben nicht „nebenher" laufen kann. Dazu macht es viel zu viel Arbeit. Also wird es irgendwann still beerdigt oder so stark zurückgefahren, dass es praktisch nie zu Ende gebracht wird.

- Viele Projekte werden großartig konzipiert. Und wenn man merkt, welche Zeit sie fressen, wird aus der herrschaftlichen Villa schnell eine Fertiggarage.

Praxis-Tipp:

Wenn Ihr Auftraggeber meint, das Projekt gehe „nebenher": Bringen Sie Zahlen ins Gespräch!

Möglicherweise können Sie diese Termin- und Kostenzahlen nicht vom Auftraggeber einfordern: Er kennt sie unter Umständen nicht. Aber selbst wenn er Ihnen Zahlen nennt, Sie können in der Auftragsklärung aus dem Stand heraus unmöglich beurteilen, ob diese realistisch sind oder nicht.

Fordern Sie vom Auftraggeber keine exakten Zahlen ein, wenn er diese nicht hat. Fragen Sie aber zumindest nach Größenordnungen und „Hausnummern".

Setzen Sie Ihre ganze Überzeugungskunst ein, um dem Auftraggeber klar zu machen, dass Sie diese Hausnummern unbedingt brauchen. Und noch eines ist wichtig:

Vermeiden Sie in dieser frühen Phase jedwede Zusage!

Wenn der Auftraggeber seine Hausnummer genannt hat, fragt er nämlich oft: „Na, damit ist es doch wohl zu schaffen, nicht wahr?" Beißen Sie sich lieber auf die Zunge, als daraufhin „Jawohl!" zu sagen und die Hacken zusammenzuschlagen. Machen Sie niemals

Versprechungen, die Sie nicht halten können, sollten Sie die Konsequenzen nicht absehen können. Verweisen Sie immer auf eine ordentliche Vorkalkulation:

„Ich kalkuliere die Zahlen mal grob durch und melde mich dann spätestens am … bei Ihnen."

Viele Projektleiter sagen auch: „Ich rechne das mal durch und sage Ihnen dann, ob es machbar ist." Rhetorisches Eigentor! Damit schwingen Sie sich zum Lehrer auf, der das Diktat des Schülers korrigiert und ihm dann sagt, ob er bestanden hat oder nicht. Ihr Auftraggeber wird empört antworten: „Es ist mir egal, was Sie da rechnen – das muss ganz einfach machbar sein!" Verkneifen Sie sich den Hinweis auf die Machbarkeit. Weisen Sie einfach nur auf Ihre gewissenhafte Kalkulation hin. Und lassen Sie sich nicht verführen: „Na, kommen Sie doch, Meier! Sie mit Ihrer Erfahrung können das doch absehen!" Bedanken Sie sich fürs Kompliment und verweisen Sie auf die Vorkalkulation. Es sei denn, Sie hätten so ein Projekt schon öfters betreut und haben die Kalkulation im Kopf.

Fragen Sie Ihren Auftraggeber auf jeden Fall nach konkreten

- Terminen wie Messeterminen, Deadlines, Präsentationen, …

- Zusagen gegenüber Kunden bezüglich Preis, Volumen, Terminen, …

- fixen Limits für Ihr Budget, Ihren Aufwand, Ihre Manpower, …

Beschwipst von ihrer Euphorie über die tolle Projektidee „vergessen" viele Auftraggeber, diese entscheidenden Daten, die sie für „Nebensächlichkeiten" halten, zu erwähnen. Für den Auftraggeber sind sie das vielleicht, nicht aber für Sie.

Prioritäten klären

Sie kennen das vielleicht: Auftraggeber und Kunden unterschätzen prinzipiell den Aufwand hinter einem Projekt. Immer wieder fallen Aussagen wie: „Wieso stecken Sie da so viel Aufwand rein? So viel

Geld wollten wir gar nicht investieren!" Solche Sprüche treiben manchen Projektleiter zur Verzweiflung: „Der Kunde will alles, aber nicht dafür bezahlen!"

Zugegeben: Das sieht so aus. Aber bitte halten Sie sich vor Augen, dass nicht der Auftraggeber hier den Fehler macht, sondern der Projektleiter. Er hat offensichtlich die Prioritäten nicht geklärt. Wie in unserem Beispiel unschwer zu erkennen ist, sind die Prioritäten wie folgt verteilt:

	Auftraggeber	**Projektleiter**
1. Priorität	Kosten	Lösung
2. Priorität	Lösung	Kosten

Dem Projektleiter ist eine gute Lösung für die Zielerreichung am wichtigsten, dem Auftraggeber aber die Kosten. Das ist nicht schlimm. Schlimm ist nur, dass dies beiden nicht klar war! Auch diese Klarheit dürfen Sie niemals von einem Auftraggeber erwarten. Es ist schön, wenn er sie Ihnen gibt. Dann haben Sie einen vorbildlichen Auftraggeber. Doch damit dürfen Sie nicht rechnen. Denn immerhin haben Sie die PM-Seminare besucht und nicht Ihr Auftraggeber. Die Prioritäten müssen Sie klären.

Auch hier gilt: Sie können es natürlich direkt probieren und fragen: „Was ist Ihre oberste Priorität – Lösung oder Kosten?" Aber Sie dürfen daraufhin keine sinnvolle Antwort erwarten. Viele Auftraggeber antworten nämlich darauf mit „Beides". Wenn Ihr Auftraggeber Probleme hat, Prioritäten zu setzen oder gar zu erkennen, helfen Sie ihm dabei, wie Sie es in der Algebra gelernt haben: mit Paarvergleichen, nämlich der Größen Ziele, Termine, Kosten:

„Wenn wir eine hervorragende Lösung fänden, diese aber eindeutig unsere Kostenvorgaben sprengt – was wäre Ihnen wichtiger, Kosten oder Lösung?"

„Wenn wir eine fantastische Lösung fänden, dafür aber deutlich die Termine überziehen …?"

„Wenn wir die Wahl zwischen höheren Kosten und Terminverschiebung …?"

Die sich daraus ergebende Reihenfolge der Prioritäten muss nicht mathematisch exakt sein. Sie müssen nur eine relativ klare Vorstellung davon gewinnen, welche Reihenfolge Ihr Auftraggeber im Kopf hat. Eine Projektleiterin eines Beratungsunternehmens sagt: „Bei meinen Großkunden ist die Priorisierung relativ klar: Termin kommt im Zweifel vor Qualität – es sei denn sie sinkt beträchtlich – und dafür dürfen wir auch mal die Kosten überziehen." Bei der Priorisierung hilft Ihnen das Prioritäten-Raster:

Das Prioritätenraster. Was ist fix? Wo gibt es Spielräume?		
Priorität	**Leitfrage**	**Beispiel**
1. Priorität	Was ist fix?	der Messetermin
2. Priorität	Wo versuchen wir, das Optimum zu erreichen?	bei den Kosten
3. Priorität	Wo haben wir die größte Flexibilität?	bei der Qualität

In diesem Fall hat für den Auftraggeber die Einhaltung des Messetermins oberste Priorität, die Kostenvorgaben sollten möglichst eingehalten werden, zur Not auch auf Kosten der Qualität des Projektergebnisses. Wie verhält es sich in Ihrem Projekt? Stellen Sie Ihr eigenes Raster auf. Und zeigen Sie dieses auch Ihrem Auftraggeber. Vielleicht möchte er seine Prioritäten noch einmal überdenken, wenn er sie schwarz auf weiß sieht …

Klare Prioritäten geben Orientierung und Sicherheit.

Mit dem Raster wissen Sie bei jeder kniffligen Entscheidung in Ihrem Projekt – und das sind etliche – von vornherein ganz klar, wonach Sie sich richten müssen, was Ihrem Auftraggeber am wichtigsten ist. Ein guter Projektleiter hat diese Priorisierung im Kopf, zum Beispiel: „Wir müssen die Ideallösung erreichen – dabei so nah wie möglich am Wunschtermin bleiben – zur Not müssen wir eben noch einen Budgetnachschlag holen."

Mit klaren Prioritäten kommen Sie aus der Auftragsklärung heraus und wissen ganz genau, welchen Vorschlag Sie für den weiteren Projektverlauf im nächsten Schritt Ihrem Auftraggeber vorlegen müssen: einen, der seine Prioritäten wahrt.

Checkliste: Eckdaten klären

Nachdem Sie das Ziel gesteckt haben, klären Sie Termine und Kosten mit dem Auftraggeber:

- Gibt es feste Vorgaben (Messetermine, Zusagen gegenüber Kunden, …)? Gibt es Limits für Budget, Aufwand, Manpower?

- Wenn nicht: Welche Vorstellungen von Größenordnungen bezüglich Kosten und Terminen hat der Auftraggeber?

- Machen Sie keine sofortigen Zusagen, nehmen Sie sich Zeit für die Vorkalkulation.

- Welche Prioritäten setzt Ihr Auftraggeber bezüglich Lösung, Termin, Kosten?

---

8. Spezialfall: Das unmögliche Projekt

Wenn Sie schon einige Projekte hinter sich gebracht haben, werden Sie ein seltsames Phänomen beobachtet haben: Während der Auftraggeber über seine Idee spricht, entsteht in Ihrem Kopf bereits ganz automatisch und unbewusst eine Skizze der Lösung für die Projektaufgabe – und dann verkündet der Auftraggeber seine Termin- und Kostenvorstellungen. Sofort denken Sie: „Das geht doch gar nicht!" Wenn Sie kaum Projekterfahrung haben, sagen Sie ihm das eventuell noch. Oder Sie schlucken und versuchen das Unmögliche möglich zu machen. Beides sind keine guten Lösungen. In diesen Fällen denken Sie vielleicht: „Er will Unmögliches!" Das ist nicht korrekt, sondern vielmehr:

> Die Kosten und Termine, die er im Kopf hat, passen nicht zur Lösung, die Sie im Kopf haben.

Also machen Sie es passend. Sie können natürlich über Kosten und Termine verhandeln: „Ich habe ungefähr folgende Lösung im Kopf: … Für diese Lösung bräuchte ich aber mehr Zeit und mehr Budget."

Sie können jedoch auch Ihre Lösung so modifizieren, dass sie zu den Vorstellungen Ihres Auftraggebers passt. Das ist Ihre Aufgabe für die Zeit nach der Auftragsklärung:

> Suchen Sie die Lösung, die zu den Kosten und Terminen passt.

Finden Sie keine, können Sie das im nächsten Gespräch dem Auftraggeber mitteilen – dann haben Sie auch genügend Argumentationsmaterial, um ihn zu überzeugen.

9. Was es bringt: Auftragsklärung

Alles, was Sie in diesem Kapitel gelesen haben, wird Ihnen absolut vernünftig, einfach und durchführbar erscheinen. Trotzdem bewerkstelligen lediglich erfahrene Projektleiter eine gute Auftragsklärung. Selbst der Top-Projektleiter eines Computer-Unternehmens sagt: „Ich muss mich jedes Mal dazu ermahnen, einen

Auftrag ordentlich zu klären." Gerade deshalb ist er der beste Projektleiter seines Unternehmens: Er hat die Disziplin, ständig an seinen Vorurteilen zu arbeiten.

Die häufigsten Vorurteile

- „Ach, so ausführlich muss das doch nicht sein, viele Fragen klären sich auch später noch."

  Dann ist es zu spät. Wer bei der Auftragsklärung schlampt, büßt das über das ganze Projekt hinweg mit Arbeit für den Papierkorb, Konflikten mit dem Auftraggeber, Ressourcen- und Zeitverschwendung, Ärger und Rückschlägen.

- „So viel Zeit habe ich nicht!"

  Irrtum, die Auftragsklärung kostet weniger Zeit, als sie spart. Eine Projektleiterin sagte mal: „Jede Minute, die ich bei der Auftragsklärung spare, kostet mich im Projekt einen Personentag Verzögerung."

- „So eine Auftragsklärung ist doch auch problematisch."

  Die Auftragsklärung ist kein Problem, sie erspart Ihnen Probleme.

Überwinden Sie Ihre Vorurteile, Ihre Schwellenangst und Ihre Furcht vor großen Tieren. Projekte mit guter Auftragsklärung sind rein statistisch betrachtet

- eindeutig schneller, kostenärmer und zieltreuer sowie

- stressärmer und problemfreier für das Projektteam

als Projekte „ohne". Denken Sie einfach an einen guten Handwerksmeister, der komplett ausgestattet auf der Baustelle erscheint. Sein Kollege, der sich nicht so gut vorbereitet hat, muss alle Nase lang in die Werkstatt fahren, um vergessenes Werkzeug zu holen – das kostet Zeit, Geld, Erfolg und Nerven.

> **Praxis-Tipp:**
> Nur mit einer guten Auftragsklärung haben Sie die Chance, Ihre Termine und Kosten zu halten und Ihr Projektziel zu erreichen.

10. Checkliste: Auftragsklärung

Auftragsklärung vorbereiten

- Ihr Auftraggeber weiß nicht, was er will? Ärgern Sie sich nicht, klären Sie den Auftrag genau und nehmen Sie sich Zeit dafür.

- Ein Manager muss wissen, was er will? Nein, muss er nicht. Denn dafür hat er Sie, den Projektleiter.

- Ein Auftraggeber muss Ihnen sagen, was Sie wissen müssen? Nein, muss er nicht. Sie müssen ihn nach allem fragen, was Sie wissen müssen, um einen guten Job zu machen.

- Gehen Sie niemals davon aus, dass der Auftraggeber alles besser weiß. Er weiß es nicht. Gehen Sie generell davon aus, dass Projektideen nicht hundertprozentig durchdacht sind.

- Ein klarer Projektauftrag ist nicht Bringschuld des Auftraggebers, sondern Holschuld des Projektleiters.

- Sie als „kleiner Projektleiter" können den „großen Boss" nicht einfach so ausfragen? Vergessen Sie das schnell. Ihr Auftraggeber braucht einen Partner, keinen Sklaven.

- Sie sind noch kein vollwertiger Partner? Dann wachsen Sie an der Aufgabe. Arbeiten Sie an der passenden Einstellung.

Fortsetzung: Auftragsklärung vorbereiten

- Ihr Auftraggeber hat für eine Auftragsklärung einen übervollen Terminkalender? Dann sorgen Sie dafür, dass Ihr Projekt in diesen Terminkalender hineinkommt. Da gehört es nämlich hin.

- Legen Sie sich eine konstruktive Einstellung für die Auftragsklärung zu: Sinn-Vermutung, professionelle Neugier, Dienstleister, … was wählen Sie?

Auftragsklärung durchführen

- Stellen Sie die Zielfrage: Was soll mit dem Projekt erreicht werden?

- Formulieren Sie aus der entsprechenden Antwort Ihre Projektziele.

- Trennen Sie ganz klar zwischen Lösungen und Zielen.

- Machen Sie Ihre Ziele messbar: An welcher Maßzahl merken Sie, dass Sie Ihre Projektziele herausragend, mittelmäßig oder schlecht erreicht haben?

- Entlocken Sie dem Auftraggeber seine Prioritäten.

- Geben Sie sich erst zufrieden, wenn zumindest Größenordnungen für Termine und Kosten auf dem Tisch liegen.

Kontextklärung: Widerstände managen

3

Ich finde mein Projekt super –
nur die anderen finden das nicht.

Frustrierter Projektleiter

1. Lassen Sie sich nicht von Widerständen überraschen

Die meisten Projektleiter sind sehr engagiert. Sie widmen ihre kostbare Zeit dem Projekt, identifizieren sich mit ihm, machen es zu ihrem „Baby". Sie sind so von ihrem Projekt überzeugt, dass sie automatisch annehmen, alle anderen im Unternehmen müssten das auch sein. Denn schließlich ist ihr Projekt eine gute Sache für das Unternehmen! Doch das Gegenteil ist der Fall: Die Kollegen und Führungskräfte,

- die das Projekt interessieren müsste, interessiert es nicht;
- die mitarbeiten müssten, möchten nicht mitarbeiten.

Manche opponieren sogar offen gegen das Projekt! Das Projekt ist somit nicht nur Druck durch Kunden und Auftraggeber ausgesetzt, sondern auch noch aus den eigenen Reihen! Wie reagieren Projektleiter auf Widerstände aus den eigenen Reihen? Regelmäßig überrascht. Sie können es einfach nicht fassen, dass sich die eigenen Leute gegen sie stellen. Darüber ärgern sie sich. Deshalb versuchen sie, es einfach ohne diese „Betonköpfe und ewigen Skeptiker" zu schaffen. Das ist immer ein Fehler.

> In der Regel ist es extrem schwierig bis unmöglich, ein Projekt gegen den Widerstand aus den eigenen Reihen erfolgreich zu Ende zu bringen.

Selbst wenn ein Projekt technisch machbar, finanzierbar und termintreu möglich wäre, nützt das alles nicht viel, wenn der Faktor Mensch einen Strich durch die Rechnung macht:

> Widerstände aus den eigenen Reihen werden in ihren gravierenden Folgen für das Projekt meist unterschätzt.

Am anfälligsten sind übrigens Projektleiter, die gerne und viel planen: Je stärker die Widerstände sind, auf die ihr Projekt trifft, desto stärker flüchten sie sich in ihre Planung. Denn wenigstens in ihrer Planung ist die Welt noch in Ordnung. Vermeiden Sie diese Realitätsflucht. Stellen Sie sich der Realität.

> Verstecken Sie sich nicht vor Widerständen: Bewältigen Sie sie!

Die Konsequenzen des Widerstands am Fallbeispiel

Wenn Sie sich nicht länger vom Widerstand überraschen lassen, werden Sie feststellen: Widerstand aus den eigenen Reihen ist nicht die Ausnahme, sondern die Regel. Da bringt das Projektteam etwas wirklich Vorzeigbares zustande und dann zeigen die Nutzer dem Projektergebnis die kalte Schulter oder es hat jeder mittelbar oder unmittelbar Beteiligte etwas am Ergebnis auszusetzen.

Oft genug haben Projektleiter dabei den Eindruck, dass die Einwände nicht inhaltlich begründet sind. Die Leute lehnen das Projektergebnis ganz offensichtlich nicht ab, weil es mangelhaft wäre, sondern weil sie es ablehnen wollen. Betrachten wir ein typisches Beispiel dafür. Ein Chemie-Unternehmen möchte ein neues E-Mail-System einführen.

Beispiel:

Der Projektleiter ist ein ausgewiesener Fachmann, der seinen ganzen Ehrgeiz daran setzt, das bestmögliche System zu konzipieren. Als das neue System einsatzbereit ist, möchte er das alte abschalten. Da erhebt sich stürmischer Widerstand an der Basis. Jeder kleine Gruppenleiter hat etwas an dem neuen System auszusetzen. Einige der Linienfürsten aktivieren ihren Draht zur Geschäftsleitung und lassen das neue System stoppen.

> Der Projektleiter findet die Einwände teilweise recht unsinnig, ist jedoch unter dem Druck von oben gezwungen, nachzubessern – ganze zwei Jahre lang. Am Ende wird das völlig verunstaltete System endlich akzeptiert, doch auch der Projektleiter ist am Ende. Der Widerstand aus den eigenen Reihen hat ihn zwei Jahre und sein Ansehen im Unternehmen gekostet. Und warum das alles?

„Weil die Leute einfach nicht die Vorteile des neuen Systems kapiert haben." Stimmt das? Das weiß niemand so recht. Was aber jeder mit absoluter Sicherheit weiß: Mit dieser Einstellung ist der Projektleiter auch im nächsten Projekt schutzlos dem Beschuss aus den eigenen Reihen ausgesetzt. Warum? Weil er offensichtlich keine wirksame Strategie entwickelt hat, sich mit Widerständen effektiv auseinanderzusetzen. Diese Lage teilen viele Projektleiter:

> Die meisten Projektleiter können nicht mit Widerstand aus den eigenen Reihen umgehen.

Deshalb tun sich viele so schwer damit. Ihnen fehlt nicht nur eine wirksame Strategie zum Umgang mit Widerstand. Nein, sie fallen darüber hinaus noch auf Ablenkungsmanöver herein, die sie davon abhalten, eine wirksame Strategie zu entwickeln. Eines davon ist das politische Ablenkungsmanöver.

Ablenkungsmanöver: „Das ist doch politisch!"

„Ach was", sagt unser Projektleiter mit dem E-Mail-System. „Die ganzen Einwände sind doch sachlich unhaltbar. Die sind rein politisch motiviert. Denen stinkt es einfach, dass das Management sich über ihre Köpfe hinweg für das neue System entschieden hat. Und jetzt schießen sie gegen mich, weil sie nicht gegen die Geschäftsführung schießen können." Davon sind die meisten Projektleiter überzeugt, wenn sie auf internen Widerstand stoßen: „Das ist doch völlig irrational. Das passt doch nur irgendeinem Wichtigtuer in der Hierarchie nicht!" Das mag teilweise richtig sein, doch das ist nicht die Frage.

Die Frage ist: Wohin führt so eine Einstellung? Sie führt direkt in die Polarisierung: „Wir hier, die dort. Wir Fachleute gegen diese bornierten Laien." Aus dieser Einstellung folgt zwangsläufig die Isolation, in der sich viele Projektgruppen befinden. Bestes Beispiel dafür sind die IT-Abteilungen.

Aus dieser Isolation ergibt sich ein riesiges Eskalationspotenzial. Je abfälliger man über die Widerstandsträger denkt und mit ihnen umgeht, desto emotionaler werden die Diskussionen, desto größer die Verbitterung. Beide Seiten hören sich nicht mehr zu und machen sich gegenseitig Vorwürfe: „Die IT-Leute liefern einfach nicht, was wir brauchen." „Die Leute in den Fachabteilungen (ersatzweise: die Kunden) haben nicht verstanden, wie gut das neue System ist."

> Das politische Ablenkungsmanöver verhindert Widerstand nicht, es intensiviert ihn.

Diese oft jahrelang dauernden Streitereien führen zum typischen Projektfatalismus: „Die ... (Kunden, Nutzer, Auftraggeber, ...) wissen ohnehin nicht, was sie wollen. Also ist es egal, was wir ihnen geben. Die beschweren sich doch so oder so!" Daraus entwickelte sich inzwischen eine verbreitete Überlebensstrategie in Projektgruppen: „Augen zu und durch!" Diese Strategie ist verständlich. Sie hat leider hohe Kosten: starke Anfeindungen von außen, deshalb großer Stress, ständig Streitereien, kaum jemals Anerkennung, starke Ablehnung der Projektgruppe und ihrer Ergebnisse, endloser Frust, hoher Zeitverlust wegen vieler Nacharbeiten und dadurch noch mehr Druck. Es liegt in der Hand des Projektleiters, dies alles abzustellen.

2. Mit Widerständen umgehen: Kontextklärung

Dass so viele Projekte von Widerständen aus den eigenen Reihen ausgebremst werden, liegt nicht so sehr daran, dass die Nutzer die Vorteile des Projektes nicht verstanden hätten oder politische Einwände erheben würden. Vielmehr gehen viele Projektleiter ziemlich blauäugig mit Widerstand um und sind nicht angemessen darauf vorbereitet.

Praxis-Tipp:

Der größte Fehler ist, auf Widerstand nicht vorbereitet zu sein. Widerstände sind kein Problem, wenn Sie vorbereitet sind.

Es ist zwar ärgerlich, wenn Sie ausgerechnet von Kollegen ausgebremst werden. Noch viel ärgerlicher, weil völlig vermeidbar, ist jedoch, wenn Sie nicht darauf vorbereitet sind. Dabei ist eine wirksame Vorbereitung denkbar einfach. Fragen Sie sich: Aus welcher Ecke können wir mit welchen Widerständen rechnen? So erstaunlich das klingt: Weil sie sich diese einfache Frage nicht stellen, geraten Projektleiter in Schwierigkeiten. Sich das zu fragen, heißt im Projektmanagement kurz Kontextklärung. Der Zusammenhang ist einfach:

Je unklarer Ihnen Ihr Projektkontext ist, desto höher ist Ihr Risiko, auf Widerstände zu stoßen. Je besser Sie den Kontext kennenlernen, desto stärker sinkt Ihr Widerstandsrisiko.

Je kompetenter Sie Ihre Kontextklärung durchführen, desto weniger werden Sie und Ihr Projekt unter Widerständen leiden.

Die vier Schritte der Kontextklärung

Liste aller Projektbetroffenen

Wer ist überhaupt vom Projekt betroffen
(und kommt daher als potenzieller
Bedenkenträger in Frage)?

Interessen-Übersicht

Was wollen Sie von denen und was wollen
die von Ihnen?

Identifikation potenzieller Interessenkonflikte

Bei wem ergeben sich aus diesen Interessen-
unterschieden potenzielle Widerstände?

Abbau von Widerständen

Wie reduzieren Sie diese Widerstände am besten?

Wer ist vom Projekt betroffen?

Um sich einen Überblick über die potenziellen Widerstände gegen
Ihr Projekt zu verschaffen, listen Sie sämtliche „Stakeholder", d.h.
Auftraggeber, Benutzer, Teammitglieder, Produzenten, Supporter,
Service-Leute etc. auf. Eben jene Menschen, die unmittelbar oder
mittelbar mit Ihrem Projekt in Kontakt kommen werden.

Was wollen Sie und was wollen die anderen?

Sie haben nun Ihre Liste sämtlicher unmittelbar und mittelbar vom
Projektbetroffenen. Welche von diesen werden Widerstände ent-

wickeln? Das hängt lediglich von zwei Dingen ab. Es hängt davon ab, was Sie von den Betroffenen wollen und was diese von Ihnen wollen.

Passt beides zusammen, werden Sie kaum Widerstände erleben. Ergibt sich jedoch ein Widerspruch zwischen beiden Interessen, werden Sie diesen Widerspruch als Widerstand erleben – oder diesen Widerspruch beheben, noch bevor Widerstand entsteht. Je nachdem, wofür Sie sich entscheiden.

Gehen Sie dabei systematisch vor. Es wäre ärgerlich, wenn Sie potenziellen Widerstand übersehen würden. Listen Sie dazu einfach beide Interessen auf, am besten direkt in die vorhandene Liste der potenziellen Bedenkenträger:

Kontextklärung – die Interessenübersicht		
Projekt-betroffene	**Was ich von ihnen brauche**	**Was sie von mir wollen**
Benutzer	■ Akzeptanz unseres Projektergebnisses ■ Bereitschaft, sich auf etwas Neues einzustellen	■ einfache Bedienung ■ einige wollen einfach nichts Neues lernen
Auftrag-geber	■ Abnahme ■ 50 000 Euro	■ bahnbrechendes Produkt ■ möglichst geringe Kosten
...	...	...

Die meisten Projektleiter machen einen Fehler bei der ersten Frage: Was will ich von den Betroffenen? Sie denken zu materialistisch. Sie denken an Arbeitsmittel oder Daten, die sie von einer bestimmten Zielgruppe brauchen. Doch das greift zu kurz. Prüfen Sie darüber hinaus, ob Sie von der Zielgruppe Folgendes benötigen:

- spezielle Mitarbeiter
- Zeit
- Budget
- Akzeptanz
- offizielle Freigabe
- Unterstützung
- Wohlwollen etc.

Das Beispiel unseres Projektleiters, der ein neues E-Mail-System entwerfen sollte und die auftretenden Widerstände als „politisch" abtat, beging einen Kapitalfehler der Kontextklärung. Er dachte zu materialistisch und übersah, dass er von den Benutzern Akzeptanz für sein Projekt benötigt. Er ging einfach davon aus, dass sich diese von selbst einstellt, weil das Projekt doch „so toll ist!". Vielleicht für das Projektteam, aber nicht für die Betroffenen. Wenigstens ist es gefährlich, davon auszugehen.

> Akzeptanz ist nicht einfach da. Sie muss erarbeitet werden.

Menschen akzeptieren Ihr Projekt nicht allein deshalb, weil sie im gleichen Unternehmen arbeiten. Sie akzeptieren es erst, wenn sie sehen, dass es ihren Interessen dient. Viele Projektleiter sind dabei zu voreilig: „Ist doch klar, was die von mir wollen – schnellere Durchlaufzeiten!" Irrtum! Für die Interessen der Betroffenen gilt immer noch:

> Interessen sind nicht das, was Sie dafür halten, sondern das, was die Betroffenen tatsächlich interessiert.

Viele Projektleiter lügen sich an diesem Punkt selbst in die Tasche: „Was mich am Projekt interessiert, interessiert auch die anderen." Das ist ein Irrtum. Versuchen Sie nicht, die Interessen der Betroffenen zu erraten. Fragen Sie sie lieber. Die Leute kennen ihren eigenen Nutzen am besten. Fragen hat noch nie geschadet.

Sobald Sie diesen Schritt der Kontextklärung tatsächlich einmal durchgeführt haben, wird Ihnen ein erstaunlicher Effekt begegnen: Sie halten einige Zielgruppen nicht mehr für gnadenlose Idioten. Sie werden erkennen, dass ihre Einwände eben nicht „politisch" oder einfach nur dumm sind. Vielmehr werden Sie erkennen:

> Menschen verhalten sich absolut logisch in Bezug auf ihre jeweiligen Interessen.

Wenn Sie diese Interessen kennen, können Sie daraus ganz logisch jeden denkbaren Widerstand ableiten, den ein Betroffener gegen Ihr Projekt entwickeln könnte – noch bevor der Betroffene selbst diesen Einwand überhaupt ausspricht. Mehr noch: Sie lernen, die Bedenkenträger zu verstehen. Sie erkennen, dass der vormals „blöde Heini" gar kein Idiot ist, weil Sie sich aus seiner Interessenslage heraus wahrscheinlich genauso verhalten würden. Sind Sie erst einmal zu dieser Erkenntnis gelangt, haben Sie einen großen Vorteil für Ihre Verhandlungen gewonnen: Sie verstehen Ihren Verhandlungspartner.

Bei wem könnte es Widerstände geben?

Allein schon aus der Interessen-Übersicht erkennen Sie oft schon auf den ersten Blick, wo Sie mit Widerständen rechnen können oder müssen. Verschaffen Sie sich den nötigen Überblick in einer vierten Spalte der Interessen-Übersicht:

☺ von hier kommt Unterstützung

☺ diese sind neutral bis gleichgültig

☹ hier ist Widerstand zu erwarten

Kontextklärung – Die Widerstands-Übersicht			
Projekt-betroffene	Was ich von ihnen brauche	Was sie von mir wollen	Zu erwartende Widerstände
Benutzer	■ Akzeptanz unseres Projekt-ergebnisses ■ Bereitschaft, sich auf etwas Neues einzustellen	■ einfache Bedienung ■ einige wollen einfach nichts Neues lernen	☺ ☹
Auftrag-geber	■ Abnahme ■ 50 000 Euro	■ bahnbrechen-des Produkt ■ möglichst geringe Kosten	☺ ☹
…	…	…	

Mit dieser Übersicht erkennen Sie, aus welcher Ecke Sie Widerstand erwarten können. Das ist nützlich. Denn so können Sie diese Widerstände antizipieren und sich entsprechend darauf vorbereiten. In den meisten Fällen benötigen Sie nicht mehr als ein bisschen Voraussicht und etwas Verhandlungsgeschick.

Warum machen das dann nicht alle?

Warum wird in so vielen Projekten keine Kontextklärung gemacht, obwohl es so einfach ist? Warum werden stattdessen komplette Projekte einfach an internen und externen Zielgruppen vorbei entwickelt? Weil es sehr viel bequemer ist, sich nicht mit Widerständen auseinanderzusetzen:

Kontextklärung: Widerstände managen

„Das verkompliziert die Sache doch nur."

„Die wissen doch sowieso nicht, was sie wollen!"

Im Gegenteil, jeder Mensch weiß, was er will, oder zumindest, was er nicht will. Wer das Gegenteil behauptet, hat einfach keine Lust, diese Wünsche zu erfragen. Und das aus gutem Grund: Niemand möchte hören, was ihm zusätzlich Aufwand macht oder was er möglicherweise nicht leisten kann. Das fühlt sich schlecht an, das möchte man vermeiden. Ich möchte mit meinem Projekt vorankommen und mich nicht von Zweiflern, Bremsern und Nörglern aufhalten lassen. Ein verständlicher Wunsch, der leider hohe Kosten mit sich bringt:

> Je weniger Sie sich beim Projektstart um Widerständler kümmern, desto länger werden Sie sich am Projektende von ihnen aufhalten lassen müssen.

Denn die Zielgruppen geben ihre Widerstände nicht bloß deshalb auf, weil Sie diese ignorieren. Im Gegenteil: Was man ignoriert, intensiviert sich.

Widerstände managen in zwei Schritten

Kontext klären:	Kontext gestalten bei:
■ Liste aller Betroffenen	■ Desinteressierten
■ Interessen-Übersicht	■ Gegnern
■ Widerstands-Übersicht	■ Skeptikern

---

3. Den Kontext gestalten: Desinteressierte interessieren

Die Widerstände, die Sie in der Widerstands-Übersicht markiert haben, fallen nicht immer gleich heftig aus. Es erleichtert Ihnen die Arbeit, die Intensität der potenziellen Widerstände zu unterscheiden.

Widerstand tritt auf als

- Desinteresse,
- Skepsis und
- Widerspruch.

Die schwächste Form von Widerstand ist Desinteresse. Desinteressierten ist Ihr Projekt egal. Sie brauchen als Projektleiter zwar deren Unterstützung, doch die Desinteressierten sagen: „Wissen Sie, ich habe Wichtigeres zu tun!" Wie überreden Sie diese Desinteressierten zum Engagement? Gar nicht. Denn Sie wissen ja: actio = reactio. Je stärker man jemanden überreden will, also Druck ausübt, desto stärker wird der Gegendruck. Veranstalten Sie kein Armdrücken. Gehen Sie der Sache lieber auf den Grund:

> Menschen reagieren desinteressiert, wenn ein Angebot ihnen nicht attraktiv genug erscheint. Machen Sie Ihr Projekt einfach attraktiver.

Was erwartet der Desinteressierte idealerweise von Ihrem Projekt? Wie können Sie es ihm geben? Wie können Sie ihm klarmachen, dass es bereits im Projekt steckt? Was hat er von Ihrem Projekt, was er noch nicht sieht? Welche Extrawürste können Sie ihm ohne viel Aufwand braten? Je höher Ihre Gesprächskompetenz in Sachen Nutzenargumentation, desto höher sind dabei Ihre Erfolgsaussichten.

Was aber passiert, wenn Sie es nicht schaffen, „den Affen vom Baum zu locken"? Dann verpflichten Sie ihn einfach auf seinen Pflichtbeitrag zum Projekt, den er allein deshalb leisten muss, weil er eben Marketing-Mensch oder Produktioner ist – und planen Sie ausreichend Pufferzeiten für diesen desinteressierten Kandidaten ein. Denn Sie können nicht von ihm erwarten, dass er rechtzeitig oder vollständig seine Aufgaben abliefert. Zum Umgang mit Puffern lesen Sie mehr in Kapitel 5.

4. Machen Sie aus Gegnern Verbündete

Gegner hat (fast) jedes Projekt. Das sind Beteiligte, die zwar dagegen sind, aber mitarbeiten müssen. Das ist normal. Nicht normal ist, wie unerfahrene Projektleiter darauf reagieren: sie

- legen ohne den Gegner schon mal los und versuchen, „drumherum" zu arbeiten,
- spielen den Helden und übernehmen auch noch die Aufgabe des Gegners,
- laufen ständig mit heraushängender Zunge hinter dem Gegner her.

Diese beliebten Scheinlösungen zeichnen sich durch einen Riesenaufwand, wenig Ertrag, hohes Risiko, geringe Qualität und großen Frust aus. Nicht selten brennen Projektleiter darüber aus. Reden Sie deshalb mit Ihrem Gegner.

Sie können nur jemanden überzeugen, den Sie verstehen

Fragen Sie Ihren Gegner nach den Gründen seiner Ablehnung: Warum? Sind es sachliche Gründe, zum Beispiel andere Prioritäten? Oder unterschiedliche Interessen und Ziele? Das Mindeste, was Sie tun können, ist, den Gegner zu verstehen. Erst dann können Sie überzeugend argumentieren. Führt diese Argumentation zu nichts, machen Sie die Aufgabe, die der Gegner erledigen sollte, nicht selbst, arbeiten Sie auch nicht „drumherum", sondern gehen Sie schnurstracks zu Ihrem Auftraggeber und sagen: „Von Marketing kriegen wir nicht die geplante Unterstützung, und zwar aus folgenden Gründen: …" Sie haben gegenüber dem Gegner keine Weisungskompetenz. Solche disziplinarischen Dinge überlassen Sie dem Auftraggeber. Das ist seine Sache und das weiß er auch (meist).

Wenn Ihnen wirklich etwas an Ihrem Projekt liegt und Sie gut verhandeln können, ziehen Sie noch eine Karte, bevor Sie zum Auftraggeber gehen. Fragen Sie den Gegner: „Ich verstehe, dass Sie nicht mitarbeiten können. Gäbe es trotzdem irgendeine Möglichkeit, wie Sie es doch noch möglich machen könnten?" Meist bietet der Gegner dann einen Preis an – jeder hat seinen Preis in Form einer konkreten Gegenleistung oder eines Sonderwunsches. Und meist können Sie diesen Preis sogar bezahlen. Die Frage ist: Möchten Sie diese Gegenleistung erbringen? Das ist eine Entscheidung, zu der Sie auch den Auftraggeber hinzuziehen können.

5. Kontextgestaltung bei Skeptikern

Wenn Sie ein erfahrener Projektleiter sind, denken Sie bei der Kontextklärung nicht nur an die direkt Beteiligten, sondern auch an die mittelbar Betroffenen. Typisch dafür sind die User, die Endanwender. Ein erfahrener Projektleiter weiß:

> Der Endanwender muss nicht mitarbeiten, aber ich bin auf seine Akzeptanz angewiesen.

Zeigt der Endanwender Akzeptanz? Nein. Was er zeigt, sind im Regelfall Skepsis und Befürchtungen. Natürlich wollen sie alle das neue Produkt oder Programm, aber … Und dann kommen mindestens ein Dutzend Vorbehalte. Auf diese Vorbehalte reagieren unerfahrene Kollegen entweder mit Ignorieren oder Skepsis.

Wir haben gesehen, wozu das führt: zur Eskalation der Einwände bis hin zum Boykott. Oder sie reagieren, indem sie versuchen, die Skeptiker zu überreden: „Leute, schaut doch mal, das Neue ist doch klar besser!"

Hilft das? Nein, aber das verstehen viele Projektleiter nicht. Sie glauben, weil sie der Fachmann sind, werde ihnen geglaubt. Meist ist das Gegenteil der Fall: „Was der da erzählt, stimmt sowieso nicht. Der hat doch keine Ahnung von unserer Arbeit." Warum wird den Fachleuten nicht geglaubt?

> Wer Skepsis nicht ernst nimmt, dem wird auch nicht geglaubt – egal, ob er ein Experte ist oder nicht.

„Leute, schaut doch mal, das Neue ist doch klar besser!" heißt nichts anderes als: „Ihr irrt euch." Und das lässt sich kein normaler Mensch sagen, ohne Widerstand zu entwickeln. Und Widerstand gegen Ihr Projekt ist nun wirklich das Letzte, was Sie provozieren sollten.

Einwandbehandlung

Skeptiker erheben Einwände, und mit Einwänden können Projektleiter selten so umgehen, wie es für ihr Projekt gut wäre. Umgekehrt gilt: Je besser Sie mit Einwänden umgehen können, desto schneller und leichter kriegen Sie Skeptiker ins Boot und können in Ruhe wieder Ihrer Arbeit nachgehen.

> Viele Projektleiter haben große Defizite bei der Einwandbehandlung.

Warum? Projektleiter sind oft keine Fachleute für Kommunikation. Hinzu kommt, dass viele Projektleiter gar keine Kommunikations-Experten sein möchten, denn sie glauben: „Was soll ich groß reden? Die Sachargumente sprechen doch für sich." Das ist ein Irrtum, dessen Entlarvung wir jeden Tag aufs Neue beobachten können: Sachargumente beseitigen keine Einwände, sie provozieren Widerstand. Dabei ist eine gute Einwandbehandlung ganz leicht. Sie müssen im Grunde nur folgende Kardinalfehler vermeiden lernen – und das Vermeiden ist reine Trainingssache:

- Ignorieren
- Argumentieren
- Aufregen
- Überzeugen

Nicht ignorieren, nicht argumentieren

Es klingt erstaunlich, doch viele Projektleiter ignorieren Einwände ganz einfach. Und das mit Grund: „Die Leute beschweren sich doch sowieso, egal was wir tun. Also was soll's! Da verliert man doch nur unnötig Zeit und Energie." Wie wir inzwischen mehrfach gesehen haben, ist das eine verhängnisvolle Taktik, denn:

> Was man ignoriert, intensiviert sich.

Sie verlieren mehr Zeit, wenn Sie ein Problemchen ignorieren und es sich deshalb zum Problem auswächst, als wenn Sie es akzeptieren, solange es noch klein ist. Also geben Sie sich einen Ruck.

Geben sich Projektleiter diesen Ruck, fallen sie oft ins andere Extrem: Sie beginnen sofort mit der Argumentation, um den Einwandträger zu überzeugen. Hier tritt ein großes Missverständnis auf: Sie können einem Menschen nicht geben, was er nicht will – dagegen wehrt er sich immer.

> Der Einwandträger will nicht argumentieren, er will verstanden werden.

Reden Sie also erst einmal nicht viel, hören Sie ihm lieber zu. Bringen Sie keine Argumente, zeigen Sie Verständnis. Verbal und nonverbal. Denn eine zu frühe, zu schnelle Argumentation wird nicht als überzeugend, sondern als Ablehnung empfunden: Der Bedenkenträger glaubt, dass Sie ihm seine Einwände ausreden wollen. Das haben Sie möglicherweise nicht gewollt, kommt beim Empfänger aber so an.

> **Praxis-Tipp:**
>
> Einmal Verständnis zu zeigen wirkt besser als hundert Argumente.

Der Skeptiker erwartet, dass Sie

- ihm zuhören,

- ihn verstehen wollen,

- dieses Verständnis auch zeigen.

Geben Sie ihm, was er erwartet. Skeptiker wollen nicht in erster Linie argumentieren, sie wollen ernst genommen werden. Wer das einmal erkannt hat, dem fällt die Einwandbehandlung sehr viel leichter.

Verhandeln statt überreden

Wenn Sie das Anliegen des Einwandträgers verstanden haben, dann versuchen Sie nicht, ihn davon zu überzeugen, dass dieses Anliegen nicht realisierbar ist. Das provoziert nur weiteren Widerstand, weil es ihm zeigt, dass Sie gegen ihn sind, ihn nicht akzeptieren. Verhandeln Sie stattdessen über eine Lösung. Sie können dazu natürlich Vorschläge machen. Aber besser ist es, wenn Sie ihn nach Vorschlägen fragen:

„Ihr Anliegen ist also … Wie stellen Sie sich vor, soll die Realisierung konkret aussehen?"

Oft hat der Einwandträger nämlich keine Ahnung, wie das gehen soll, und lässt deshalb sein Anliegen von alleine fallen – ohne dass

Sie es ihm ausreden müssen, was er nie zulassen würde. Oder aber er gibt sich mit einer viel kleineren Lösung zufrieden, als Sie selbst vorgeschlagen hätten.

Wenn ganze Gruppen skeptisch sind, organisieren Sie Ihre Einwandsbehandlung in sogenannten Focus oder User Groups. Ghettoisieren Sie die Einwände nicht, integrieren Sie sie. Beziehen Sie in diese Gruppen gerade auch die bekannten Quertreiber ein. Denn wenn Sie diese überzeugen, verkauft sich Ihr Projekt quasi von allein. Sie haben aus Bedenkenträgern Befürworter gemacht. Wenn Ihre kommunikative Kompetenz nicht ausreicht, mit diesen notorischen Bedenkenträgern umzugehen, dann trainieren Sie sie entsprechend.

6. Checkliste: Widerstände managen

Widerstände managen
■ Lassen Sie sich nicht von Widerständen aus den eigenen Reihen überraschen. Rechnen Sie mit ihnen.
■ Behandeln Sie Widerstände, bevor sie entstehen, indem Sie den Kontext Ihres Projektes klären.
■ Nehmen Sie alle möglichen Widerstände geistig vorweg – das ist die beste Vorbereitung.
■ Verstehen Sie die Anliegen hinter den Widerständen.
■ Klären Sie Widerstände und Einwände mit wenigen Argumenten, dafür mit umso mehr Verständnis.
■ Überreden Sie nicht, verhandeln Sie Anliegen.

Risiko-Check: Überraschungen vermeiden

4

Risiken sind die Bugwelle des Erfolgs.

Carl Amery

1. Es gibt keine Überraschungen, nur Risiken

Warum machen die meisten Menschen ihre „eigentliche" Arbeit lieber als Projekte? Weil die eigene Arbeit zwar oft weniger abwechslungsreich, doch immer gut zu überblicken ist. Man weiß, was auf einen zukommt. Im Projekt ist das Gegenteil der Fall.

Projektarbeit ist von extremer Unsicherheit geprägt.

„Wir wissen nie", sagt die oberste Projektleiterin eines Finanz-Dienstleisters, „welche Katastrophe morgen über uns hereinbrechen wird." Überall lauern Risiken, ständig gibt es böse Überraschungen: Plötzlich will der Auftraggeber etwas anderes als vereinbart war, plötzlich machen Arbeitspakete Probleme, die nie im Leben Probleme machen dürften, plötzlich ist alles anders, als man dachte und plante – wir kennen sie alle, diese unguten Überraschungen. Was viele nicht wissen: 90 Prozent der Überraschungen sind keine Überraschungen, lediglich übersehene Risiken. Eigentlich wissen wir das. Denn nach Eintreten der meisten „Überraschungen" sagt mindestens ein Teammitglied: „Das hätten wir uns eigentlich denken können!" Warum haben wir es nicht? Weil wir es uns hätten denken können, es aber nicht wollten.

Risiko-Verdrängung

Fast jeder von uns ahnt schon kurz nach der Auftragsklärung die kritischen Punkte in einem Projekt. Das sagt uns einfach die Berufserfahrung. Wenn wir auf diese leisen inneren Stimmen hören würden, würden wir später, im Verlauf des Projektes, nicht böse überrascht werden. Doch wir hören nicht auf die Stimmen der Vorsicht. Warum nicht? Aus einem einfachen Grund:

Risiken sind unangenehm.

Und an Unangenehmes denkt man nicht gerne. Das Projekt ist schon schwierig genug, ohne dass wir unnötig „die Pferde scheu machen". Wir haben heute zu viel anderes zu erledigen, als darüber nachzudenken, was übermorgen vielleicht passieren könnte. Diese Argumentation hat nur einen Haken: Wer so argumentiert, hätte auch niemals eine Lebens-, eine Unfall- oder eine Rentenversicherung abschließen dürfen. Leider machen wir uns diesen Widerspruch selten bewusst, denn:

Risiko-Verdrängung ist ein unbewusster Vorgang.

Deshalb ist Ihr erster Schritt, um sich vor unliebsamen Überraschungen zu schützen: Machen Sie sich die unbewusste Risiko-Verdrängung bewusst. Dann kann sie nicht mehr wirken.

Der beste Zeitpunkt für den Risiko-Check

- Direkt nach der Auftragsklärung, nach der Sie sich einen schnellen groben Überblick verschaffen: Worauf muss ich auf jeden Fall achten?

- Gegen Ende der Planung, weil Sie danach die Risiken auch im Detail erkennen.

Risiko-Ignoranz

Eine verbreitete Berufskrankheit von Projektmanagern ist die Risiko-Ignoranz. Sie ist kein unbewusster, sondern ein ganz bewusster Verdrängungsprozess. Ob ein Projektleiter oder ein Projektmitglied daran erkrankt ist, erkennen Sie an dessen Reaktion auf die Erwähnung von Risiken. Eine der häufigsten Erwiderungen ist zum Beispiel: „Darum kümmern wir uns, wenn es auf uns zukommt."

Falls Sie diese Meinung teilen, machen Sie sich den Denkfehler hinter dieser Meinung klar: Warum die Chance verlieren, jene Probleme zu lösen, die man lösen kann? Selbst bei Problemen, bei denen man scheinbar nichts machen kann, gibt es immer noch Möglichkeiten, etwa den Schadensfall, die Folgen abzusichern. Aus diesem Grund haben Sie beispielsweise auch eine Hausratversicherung abgeschlossen.

> Risiko-Management ist ein unverzichtbarer Teil des Projektmanagements.

Unbehandelte Risiken werden mit der Zeit schlimmer. „Später" ist oft zu spät, wenn es um Risiko-Management geht.

Wie behandelt man Risiken? So viel wir wissen, ist Risiko-Management eine Wissenschaft für sich, die gespickt ist mit Fremdwörtern wie T-Wert, Simulation, Erwartungswerte, stochastische Schadensbewertung etc., und alles immer hochmathematisch. So kann Ihr Risiko-Management natürlich auch ablaufen, doch das ist auch der Grund, weshalb viele Projektleiter kein Risiko-Management betreiben: Sie halten es für zu kompliziert. Dabei fallen sie nur auf die Mythen der Finanzmathematiker herein. Ihre Lebensversicherung haben Sie doch auch ohne Mathe-Diplom abgeschlossen, oder? Risiko-Management geht auch anders.

Das Motto dieses Buches ist: Bitte so einfach wie möglich. Wenn die Risiken schon komplex sind, muss es das Risiko-Management nicht auch noch sein.

2. Schritt 1: Auflistung und Konkretisierung von Risiken

Das einfachste Instrument des Risiko-Managements ist die Risiko-Liste. Erstellen Sie diese im Team, denn als Projektleiter tendiert man zu gefährlichem Optimismus.

Praxis-Tipp:

Setzen Sie Ihre Schwarzseher im Team konstruktiv ein: Lassen Sie sie Risiken vorhersehen.

Fragen Sie dazu einfach in die Team-Runde: Wem fällt ein Risiko ein? Wo könnte es brenzlig werden? Was könnte alles passieren?

Machen Sie ein Brainstorming im Schwarzsehen. In einem ersten Durchgang werden Risiken lediglich angesprochen und aufgelistet. Erst im zweiten Durchgang dürfen sie diskutiert werden. Ergänzen Sie diese Liste über die Brainstorming-Sitzung hinaus, wann immer jemandem ein neues Risiko ein- oder auffällt.

Oft wird bei dieser Listung der Fehler gemacht, dass man zum Beispiel als Risiko notiert: „Die neue Technologie, die schwierigen Nutzer, die wenig erprobten Lieferanten" etc. Das ist zwar gut gemeint, aber leider kein Risiko.

Ein Risiko ist nur etwas, das passieren kann.

Ein Lieferant kann nicht passieren. Dafür kann es passieren, dass er ausfällt, die Qualität nicht hält oder Innovationen an Konkurrenten durchsickern lässt. Also konkretisieren Sie Ihre Listung entsprechend. Wenn Sie es nicht tun, kommt nichts bei der Listung heraus.

An dieser Stelle erheben manche Projektmanager im Training oder Coaching den Einwand: „Wenn ich eine Liste anfange, dann bekomme ich in fünf Minuten 200 Risiken zusammen! Die bekomme ich doch nie alle in den Griff!" Aber natürlich bekommen Sie die in den Griff. Denn nicht alle Risiken sind gleich und schon gar nicht gleich gefährlich. Kategorisieren Sie Ihre Risiken daher. Am besten anhand der beiden Kriterien, welche die Gefährlichkeit eines Risikos determinieren: Wahrscheinlichkeit des Auftretens und Schadenshöhe.

3. Schritt 2: Kategorisieren Sie Risiken

Ein Risiko ist umso gefährlicher für Ihren Projekterfolg, je wahrscheinlicher es eintritt und je größer der Schaden dabei ist. Machen Sie deshalb aus Ihrer Risiko-Liste eine Risiko-Matrix und beurteilen Sie – immer im Konsens mit Ihrem Team – jedes Risiko nach diesen beiden Kriterien:

- Schadenshöhe auf einer Skala von 0 – 10: kein – maximaler Schaden
- Wahrscheinlichkeit, dass das Risiko eintritt im Bereich von 0 Prozent – 100 Prozent: tritt nicht auf – tritt mit absoluter Sicherheit auf

Der maximale Schaden von 10 wird in PM-Kreisen auch *Show Stopper* genannt: Tritt er ein, ist das Projekt nicht mehr zu retten.

Die Risiko-Matrix		
Risiko	**Wahrscheinlichkeit**	**Schaden**
Minderqualität von Lieferant X	10 %	3
Verzug in der Werkzeugfertigung	80 %	7
…	…	…

Zugegeben, die Matrix macht die Sache nicht viel übersichtlicher. Das ändert sich schlagartig, wenn Sie die Matrix grafisch aufbereiten. Stellen Sie dazu Ihre Risiken mit ihren beiden Matrix-Werten einfach in das Koordinaten-Kreuz des Risiko-Portfolios:

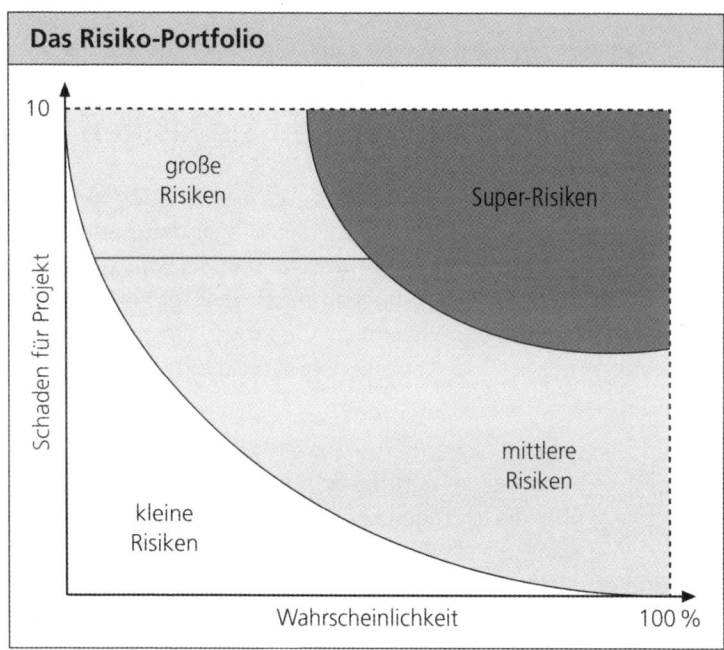

Das Risiko-Portfolio

große Risiken

Super-Risiken

Schaden für Projekt

mittlere Risiken

kleine Risiken

Wahrscheinlichkeit   100 %

4. Schritt 3: Maßnahmen aus dem Risiko-Portfolio

Das Risiko-Portfolio sagt Ihnen, wie Sie Ihre Risiken behandeln können.

Super-Risiken, also Risiken mit hoher Wahrscheinlichkeit (50 – 100 Prozent) und hohem Schaden (7 – 10) legen die Überlegung nahe: Soll man das Projekt bei diesen Risiken überhaupt in Angriff nehmen? Das klären Sie am besten mit dem Auftraggeber. Gibt dieser trotzdem grünes Licht, sollten Sie Super-Risiken neu definieren und nicht länger negativ als Risiken betrachten, sondern als Erfolgsfaktoren Ihres Projektes: Von ihnen hängt Ihr Projekterfolg ab. Wenn Sie es schaffen, diese Risiken sauber zu managen, ist der Projekterfolg gesichert.

Bei großen Risiken, also Risiken mit hohem Schaden (nahe 10), aber geringer Wahrscheinlichkeit (kleiner 30 Prozent), lohnt eine Vorbeugung wirtschaftlich nicht, wohl aber die Vorbereitung in Form einer Versicherung oder eines Notfallplanes.

Mittlere Risiken sind solche, bei denen zwar der Schaden nicht sehr hoch ist (4 und geringer), die Wahrscheinlichkeit dafür aber umso höher (größer 50 Prozent). Diese Risiken sind so wahrscheinlich, dass ich mit ihnen einfach umgehen muss. Hier rentiert sich eine Vorbeugung in Form von Präventivmaßnahmen. Das heißt, gegen diese Risiken müssen Sie schon bei der Projektvorbereitung etwas tun.

Kleine Risiken sind solche, bei denen entweder Schaden, Wahrscheinlichkeit oder beides gering sind. Diese und nur diese Risiken sind Risiken, über die ich sagen kann: „Damit beschäftigen wir uns später." Wer dagegen alle Risiken damit abtut, dass er sich darum auch später kümmern könne, tut so, als ob alle Risiken geringen Schaden und geringe Wahrscheinlichkeit hätten – und das ist ganz einfach faktisch falsch.

Super-Risiken managen

Wie geht man mit Super-Risiken um? Indem man sie zunächst ganz einfach zum Erfolgsfaktor des Projekts umdefiniert.

> **Praxis-Tipp:**
>
> Definieren Sie Super-Risiken als Erfolgsfaktoren.

Beispiel: Super-Risiken und Erfolgsfaktoren	
Super-Risiko	**entsprechender Erfolgsfaktor**
Endtermin überschritten	absolute Termintreue schon von Beginn an
Kunde lehnt Ergebnis ab	enge Abstimmung von Anfang bis Ende
…	…

Die Wirkung der Neudefinition liegt auf der Hand: Während ein Risiko eine Gefahr ist, die Sie bedroht, ist ein Erfolgsfaktor eine Chance, die Sie nutzen können. Sie können aus dem Erfolgsfaktor Ihre wichtigste Aufgabe ableiten. Wenn ein überschrittener Endtermin ein Super-Risiko ist, dann wird die absolute Termintreue von Beginn an Ihre wichtigste Aufgabe:

Haben Sie Ihre Erfolgsfaktoren definiert, können Sie diese genau planen und darauf hinsteuern.

Beispiel:

Sie erstellen für die Termintreue einen sehr detaillierten Zeitplan und treffen ungewöhnlich genaue und zeitnahe Vereinbarungen über regelmäßige Projektberichte (Reporting). In zeitsensiblen Projekten berichten Inhaber von kritischen Aufgaben täglich an den Projektleiter.

Große Risiken managen

Große Risiken treten nur selten ein, verursachen aber großen Schaden. Im privaten Leben sind solche Risiken Brände und Unfälle. Wie gehen wir privat damit um? Wir schließen Versicherungen ab. Das kann man auch in der Projektarbeit machen.

Dass zum Beispiel ein bewährter Lieferant in Lieferverzug gerät, ist sehr unwahrscheinlich, bei zentraler Bedeutung für das Projekt jedoch gravierend. Deshalb vereinbart man als Versicherung eine Konventionalstrafe, über deren Höhe man sich wiederum gegenüber den eigenen Projektkunden schadlos halten kann. So einfach dieses Mittel ist, so verwunderlich ist, dass viele Projektleiter darauf verzichten und damit ihr Projekt gefährden. Warum? Weil sie dem altbekannten Lieferanten „nichts Böses" tun wollen oder weil sie „keine Rechtsanwälte" sind. Sind das Gründe? Nein, das sind Ausreden. Konventionalstrafen empfindet heutzutage niemand mehr als Misstrauen, und für die Vereinbarung einer Terminlieferung muss man kein Anwalt sein.

Ist eine Konventionalstrafe nicht möglich oder nicht sinnvoll, können Sie auch eine alternative Versicherung aufbauen: schon zu Projektbeginn einen Alternativlieferanten festlegen, ein Backup-System einkaufen, eine Vertretungsregelung für wichtige Projektmitglieder treffen etc. Egal, wie Sie sich versichern: Sie müssen es jetzt tun, zu Beginn Ihres Projekts, und nicht erst dann, wenn der Versicherungsfall eintritt. Wenn die Festplatte sich verabschiedet hat, ist es schon zu spät für eine Datensicherung!

Gibt es keine alternativen Versicherungen oder sind sie zu teuer, können Sie zumindest einen Notfallplan aufstellen. Wahrscheinlich brauchen Sie ihn nicht, weil das Risiko so unwahrscheinlich ist. Doch so ein Plan für alle Eventualitäten in der Schublade beruhigt doch ungemein und sichert einem Effektivität und Schnelligkeit, sollte es zum Schlimmsten kommen.

Mittlere Risiken managen

Risiken mit geringem Schaden, aber hoher Wahrscheinlichkeit sind wie ein Regenschauer, den der Wetterbericht ankündigt: Sie nehmen einen Schirm mit. Das ist logisch, aber warum? Weil Sie so tun, als ob ein zukünftiges, hochwahrscheinliches Ereignis bereits eingetreten ist, denn der Griff nach dem Schirm ist kein Aufwand –

aber er lohnt ungemein! Sie werden nicht nass. Lassen Sie auch Ihr Projekt nicht im Regen stehen.

> Nehmen Sie mittlere Risiken als gegeben.

Das heißt, nehmen Sie sie in Ihre Projektplanung als ganz normale Aufgaben auf. Denn meist sind diese Risiken wegen ihrer hohen Wahrscheinlichkeit keine reinen Risiken mehr, sondern sich bereits konkret abzeichnende Probleme. Ein typisches mittleres Risiko bei Projekten ist die Dokumentation, die selten pünktlich fertig wird. Deshalb verlegen sie erfahrene Projektleiter teilweise vom Projektende nach vorne, damit sie quasi nebenher laufen kann, oder vergeben sie gleich extern.

Risiko-Gegenmaßnahmen planen

Natürlich sind, wie in allen Kategorisierungen, die Übergänge zwischen den vier Risiko-Gruppen fließend. Es kommt nicht so sehr darauf an, wie Sie und Ihr Team letztendlich ein bestimmtes Risiko einordnen. Es kommt vielmehr darauf an, dass jedem Risiko mit einer entsprechenden Maßnahme begegnet wird. Im Überblick könnte das so aussehen:

Die erweiterte Risiko-Matrix				
Risiko	**Wahrsch.**	**Schaden**	**Klasse**	**Maßnahme**
Minderqualität von Lieferant X	10%	3	gering	keine
Verzug in der Werkzeugfertigung	80%	7	super	genauer Plan und täglicher Projektbericht der Werkstatt
...				

Es versteht sich von selbst, dass jede Risiko-Maßnahme so geplant und vereinbart wird, wie Sie es von allen Maßnahmen gewohnt sind und praktizieren: Wer macht was bis wann? Und wer macht was bei Eintritt des Risikos?

Was ist, wenn Ihnen partout keine Maßnahme für ein bestimmtes Risiko einfällt? Auch das gibt es.

> Fragen Sie den Auftraggeber bei nicht abzusichernden Risiken.

Informieren Sie immer Ihren Auftraggeber über solche Risiken und fragen Sie ihn: Tragen wir dieses Risiko? Dann kann er Ihnen später nicht vorwerfen, dass Sie ihn nicht gewarnt hätten. Wenn Sie sich schon nicht gegen das Risiko absichern können, sichern Sie sich wenigstens gegen Ihren Auftraggeber ab. Man kann dieses Restrisiko durchaus minimieren. Letztens fragte ein Marketingmann seinen Geschäftsführer: „Selbst nach unserer Marktuntersuchung, nach den Tests und der Werbung verbleibt ein Restrisiko von fünf bis 20 Prozent – wollen wir das tragen?" Diese Entscheidung ist eine Auftraggeber-Entscheidung – das können Sie als Projektleiter nicht entscheiden!

Endcheck der Maßnahmen

Fragen Sie sich:

- Wie realistisch ist der Einsatz der Maßnahme?
- Hat sie konkrete Aussicht auf Erfolg?

Lügen Sie sich nicht selbst in die Tasche. Denn allein Sie werden darunter leiden. Gehen Sie ernsthaft mit Risiken um. Checken Sie Ihre Maßnahmen auf Plausibilität. Tun Sie dies, werden Sie eine erstaunliche Wirkung an sich beobachten: Sie werden ruhig, gewinnen an Souveränität, sparen Nerven und ersparen sich und Ihrem Team Stress. Denn eine gute Risiko-Behandlung gibt eine ungeheure Sicherheit und innere Überlegenheit. Diese Überlegenheit erwächst aus dem Bewusstsein, dass Sie beim Eintreten eines Risikos einfach schneller reagieren können und der Schaden viel geringer sein wird.

Wenn Sie besonders erfolgreiche Projektleiter beobachten, werden Sie feststellen, dass diese nicht mit weniger, sondern mit genauso vielen Rückschlägen und Bedrohungen konfrontiert werden wie durchschnittliche Projektleiter auch. Was macht sie dann so erfolgreich und vor allem so wenig stressanfällig? Sie sind ganz einfach besser auf Rückschläge und Bedrohungen vorbereitet. Während unerfahrene Projektleiter vom Eintreten des Risikos noch wie gelähmt sind oder total gestresst in operativer, aber wenig effektiver Hektik Rettungsversuche starten, aktivieren erfahrene Projektleiter einfach ihre vorbereiteten Gegenmaßnahmen. Für sie ist der Schadensfall keine Katastrophe, sondern ganz einfach eine Aufgabe wie jede andere auch. Eine Aufgabe, auf die sie dank Ihres Risiko-Managements gut vorbereitet sind.

5. Diese Risiken werden häufig übersehen

Jeder Mensch weiß, dass gerade in Projekten die Risiken an jeder Ecke lauern. Warum werden dann trotzdem so viele Projektleiter von Risiken überrascht? Weil wir zwar nach Eintritt der meisten Risiken uns selbst sagen hören, „das hätte ich mir doch denken können!", aber vor Eintritt des Risikos ausgerechnet an dieses konkrete Risiko nun partout nicht gedacht hatten.

So vorhersehbar die meisten Risiken im Rückblick erscheinen – vorausschauend denken wir oft einfach nicht daran.

Dem können Sie abhelfen, indem Sie sich – quasi als Eselsbrücke, Anregung und Schrittmacher für die grauen Zellen – vor jedem Projekt die Checkliste mit den häufigsten und am häufigsten übersehenen Risiken zu Gemüte führen:

- Lassen Sie sich davon inspirieren.
- Ergänzen Sie die Checkliste (laufend) mit den Risiken, die Ihrer Erfahrung nach häufig auftreten oder übersehen werden.

6. Checkliste: Risiken managen

Checkliste: Übersehene Risiken

Risiken im Projektumfeld:

- Teammitglieder fallen aus wegen Krankheit, Arbeitsplatzwechsel, Abzug zu anderen Projekten etc.

- Unfälle, die typisch für diese Art von Projekten sind.

- Dem Kunden geht das Geld aus.

- Überraschende, massive Änderungswünsche des Kunden.

- Risiken, die Ihnen zum Projektumfeld noch einfallen:

....

Risiken bei der Projektplanung:

- Die Teammitglieder interpretieren die Projektziele unterschiedlich, ohne es zu merken. (Dieses Risiko wird in neun von zehn Projekten unterschätzt, obwohl es in zehn von zehn auftritt).

- Endtermin oder Dauer einzelner Aktivitäten sind zu optimistisch angesetzt (ein Risiko mit 95-prozentiger Wahrscheinlichkeit).

- Wichtige Aktivitäten werden vergessen oder übersehen.

- Fehlinterpretationen der Inhalte und Ziele von Aktivitäten.

Risiken bei der Projektausführung:

- Projekte, von denen wir abhängig sind, verzögern sich oder fallen ganz aus.

- Knappe Ressourcen (Experten, Spezialausrüstung etc.) schaffen Verzögerungen.

- Sehr lange Projektdauer: Das Ergebnis wird nicht mehr benötigt.

Fortsetzung: Checkliste: Übersehene Risiken

- Frustration von Mitgliedern, Konflikte im Team.
- Kosten steigen, Preise fallen.

Risiken im Team oder beim Projektleiter:

- Mitglieder sind nicht wie geplant verfügbar.
- Das Know-how im Team reicht doch nicht aus.
- Fehler durch zu geringe Erfahrung im Projektmanagement.
- Missverständnisse, da Mitglieder räumlich zu weit voneinander entfernt sind.
- Zusagen werden nicht eingehalten.

Risiken bei technischen Aspekten:

- Neue Technologien, Tools, Methoden etc. tauchen auf.
- Komplexe Abhängigkeiten im Projekt verursachen große Probleme.
- Die geplante Lösung ist nicht machbar.
- Eingeplante Komponenten stehen nicht mehr zur Verfügung.
- Mangelnde Kompatibilität an den Schnittstellen.

Risiken managen

- Beobachten und vermeiden Sie alle Tendenzen von Risiko-Verdrängung und -Ignoranz bei sich und Ihrem Team.
- Risiko-Management ist ein wichtiger Erfolgsfaktor für Ihr Projekt – nutzen Sie es!
- Listen und kategorisieren Sie alle denkbaren Risiken.
- Leiten Sie konkrete Gegenmaßnahmen ab.
- Checken Sie diese auf Plausibilität.
- Lehnen Sie sich beruhigt zurück: Sie sind auf alles vorbereitet!

Projektplanung: einfacher ist besser

5

Der „richtige" Zeitplan ist der, dessen Einhaltung völlig unmöglich ist,
dem man dies aber nicht auf den ersten Blick ansieht.

Tom DeMarco,
aus: Warum ist Software so teuer?

1. Vertrauen Sie den einfachen Instrumenten

Der unerfahrene Projektleiter geht relativ blauäugig in ein Projekt: „Das kriegen wir schon hin." Doch bald schon bemerkt er, dass er bei der Vielzahl der nötigen Aktivitäten bereits binnen Tagen den Überblick verliert, dass er Aufgaben oder Abläufe übersieht und Termine verschwitzt: „Das Ganze muss irgendwie besser organisiert werden!" Aber wie organisiert man ein Projekt?

Studium, Literatur und Seminare geben Antworten in Form von erprobten Instrumenten wie CPM, PERT, Gantt-Diagrammen, Ressourcendiagrammen etc. Vielleicht kauft sich der Projektleiter auch eine PM-Software. Bei diesen Versuchen, sein Projekt besser zu organisieren, macht er jedoch seltsame Entdeckungen:

- Die angebotenen Instrumente sind alle erprobt – doch leider nur an Großprojekten.

- Bei Kleinprojekten fressen diese PM-Tools mehr Zeit, als zur Verfügung steht.

- Bis man eines dieser hochkomplexen Instrumente beherrscht, ist das halbe Projekt gelaufen.

- Die Software zu verstehen und anzuwenden erfordert mehr Anstrengung, Zeit und Nerven als das eigentliche Projekt.

- Bis man etwa einen Netzplan aktualisiert hat, ist er oft schon wieder veraltet. Man kommt vor lauter „Planung" gar nicht mehr zum Projekt selbst.

Diese ernüchternden Erkenntnisse provozieren Projektleiter oft dazu, das teuer eingekaufte Instrument schnell wegzuwerfen –

was verständlich ist. Darüber hinaus verzichten sie ab sofort ganz auf die Projektplanung, denn: „Es gibt ja doch keine effizienten Instrumente für mein Projekt!" Das ist ein Irrtum.

Dass viele, gut publizierte, hochkomplexe Instrumente nichts taugen, heißt noch lange nicht, es gäbe keine guten kleinen Werkzeuge.

Praxis-Tipp:

Für kleine und mittlere Projekte sind einfache PM-Tools die besten.

Ich zeige Ihnen hier sechs einfache Planungstools. Prüfen Sie diese und bilden Sie sich Ihr eigenes Urteil.

Sechs einfache PM-Planungstools

- Die Meilenstein-Planung: Das Projekt im Etappen-Überblick

- Die Aktivitäten-Planung: Alle Projektarbeiten auf einen Blick

- Die W-Planung: Wer macht was bis wann?

- Die Zuverlässigkeits-Prüfung: Aufwand und Dauer unterscheiden

- Das Gantt-Diagramm: Die grafische Darstellung

- Projektplanung mit Word und Excel: Einfache Software-Unterstützung

---

2. Die Logik der Planung

Diese sechs Planungs-Tools sind durch eine einfache Logik miteinander verbunden: Sie beantworten die häufigsten Fragen von Projektleitern. Allein daran erkennt man, wie pragmatisch diese Instrumente sind.

Projektplanung: einfacher ist besser

Bei jedem Projekt interessiert den Projektleiter zunächst einmal der grobe Überblick. Diesen liefert die **Meilenstein-Planung**: Mein Projekt hat beispielsweise vier Etappen. Schon mit dieser Erkenntnis erhöht sich die Übersichtlichkeit eines Projektes wesentlich. Danach möchte ein Projektleiter meist wissen: Sind diese Meilensteine überhaupt realistisch erreichbar? Das hängt davon ab, wie viel ich für jeden einzelnen Meilenstein tun muss. Diese Frage klärt die **Aktivitäten-Planung**: Sie listet ganz einfach sämtliche nötigen Tätigkeiten pro Projekt-Etappe auf. Bei wenigen Tätigkeiten pro Etappe ist meist schon auf den ersten Blick klar: Das schaffen wir!

Ab sieben Aktivitäten pro Meilenstein wird es aber unübersichtlich und das nächste Planungsinstrument wird nötig: die **W-Planung**. Sie klärt, ob die Meilensteine realistisch erreicht werden können, indem sie die Frage klärt: Wer muss was bis wann fertig stellen, damit wir zum gewünschten Endtermin fertig werden? In vielen Projekten ist damit der Überblick hergestellt: Wir schaffen das. In einigen Projekten kommen dem Projektleiter jedoch Zweifel: Zwar hat jedes Teammitglied gesagt, bis wann es mit seiner Tätigkeit fertig ist – doch wie verlässlich sind diese Zusagen?

Wir wissen alle, dass gerade die Verlässlichkeit dieser Zusagen über den Projekterfolg entscheidet. Wie oft müssen wir hören, „Tut mir leid, ich schaffe es nicht bis zum Termin"? Viele Projektleiter glauben, da sei eben etwas Unvorhergesehenes dazwischen gekommen. Das ist meist falsch. Wie verlässlich eine Zusage ist, kann man relativ gut einschätzen – wenn man als Projektleiter die **Zuverlässigkeits-Prüfung** beherrscht, die folgende Frage beantwortet: Wie realistisch sind die Terminzusagen?

Die letzten beiden Planungsinstrumente ergeben sich beinahe von selbst: Planung muss sichtbar sein. Das **Gantt-Diagramm** ist das Universaldiagramm für kleinere und mittlere Projekte. Außerdem wünscht sich jeder Projektleiter eine einfache und schnelle **PC-Unterstützung**.

Diese sechs logisch aufeinander aufbauenden Planungsinstrumente betrachten wir nun im Einzelnen.

3. Die Meilenstein-Planung: das Projekt im Etappen-Überblick

Die Meilenstein-Planung ist eines der denkbar einfachsten Planungsmittel. Deshalb wird sie im Topmanagement so gerne angewandt: Topmanager wollen es einfach. Sie wollen von komplexen Planungszahlen-Kolonnen verschont bleiben. Die Meilenstein-Planung ist ein einfaches Mittel, um mit minimalem Aufwand den vollen Überblick über ein Projekt zu erhalten.

> Die Meilenstein-Planung beantwortet eine einzige Frage: Welche Projekt-Etappe erreiche ich bis wann?

Wenn Sie beispielsweise wissen wollen, wann Sie in Ihrem neu ausgebauten Bad zum ersten Mal die Zähne putzen können, könnten die Meilensteine so aussehen:

- Bis wann habe ich alles geplant und bestellt?

- Bis wann ist der Klempner fertig?

- Bis wann ist der Fliesenleger fertig?

- Bis wann sind die Möbel drin?

Das heißt: Das Projekt „Neues Bad" hat vier Meilensteine. Die großen Vorzüge dieser Planung liegen auf der Hand:

- Jeder im Projekt weiß, bis wann eine Etappe fertig sein muss und kann auf diese Teilziele hinarbeiten.

- Sie können Kunden, Auftraggebern und anderen Interessierten auf den ersten Blick verständlich machen, wie das Projekt abläuft und was bis wann fertig ist.

- Sie bekommen damit explizite Prüftermine für Ihren Projektfortschritt: Sie wissen immer genau, wie weit Sie sind. Wenn Verzögerungen im Projekt auftreten, merken Sie das nicht erst gegen Projektende, wenn es zu spät ist, sondern schon vor dem nächsten Meilenstein-Termin.

- Ihr Projekt wird übersichtlicher. Es ist nicht mehr ein unüberschaubares Riesenprojekt, sondern gliedert sich in mehrere überschaubare Teilprojekte.

Wie erstellen Sie eine Meilenstein-Planung? Ganz einfach. Sie müssen sich dafür nur zwei Fragen stellen:

- Was sind die Etappen meines Projektes?
- Wann erreiche ich diese realistisch betrachtet?

Normalerweise hat ein kleineres bis mittleres Projekt drei bis fünf Etappenziele. Das ist schön übersichtlich: Ihre Meilensteine können Sie meist an einer Hand abzählen! Jetzt brauchen Sie noch die entsprechenden Endtermine zu diesen Etappen:

Praxis-Tipp:

Planen Sie vom Endtermin des Gesamtprojekts ausgehend die Endtermine der Teilprojekte.

Betrachten wir diesen Planungsschritt an einem Beispiel. Angenommen, Sie bekommen am 1. August den Auftrag, eine neue Software zu entwickeln, und haben als Endtermin den 30. November. Als Meilensteine haben Sie ermittelt:

- Konzept erstellt
- Software entwickelt
- Software getestet
- Software freigegeben

Ordnen Sie aufgrund von Erfahrungswerten und/oder realistischen Schätzungen jeder Hauptaufgabe ihre vorraussichtliche Dauer zu:

Die Meilenstein-Planung: das Projekt im Etappen-Überblick

Dauer von Aufgaben		
Meilenstein	**Hauptaufgabe**	**Dauer**
Konzept erstellt	Konzept erstellen	4 Wochen
Software entwickelt	Software entwickeln	8 Wochen
Software getestet	Software testen	2 Wochen
Software freigegeben	Dokumentation erstellen, Schulungen durchführen	6 Wochen

Daraus können Sie nun die realistischen Endtermine der einzelnen Etappen errechnen:

Der Meilenstein-Plan			
Meilenstein	**Hauptaufgabe**	**Dauer**	**resultierender Endtermin**
Projektstart			1.8.
Konzept erstellt	Konzept erstellen	4 Wochen	1.9.
Software entwickelt	Software entwickeln	8 Wochen	1.11.
Software getestet	Software testen	2 Wochen	15.11.
Software freigegeben	Dokumentation erstellen, Schulungen durchführen	6 Wochen	31.12.
resultierender Projekt-Endtermin			31.12.
vorgegebener Endtermin			30.11.

Projektplanung: einfacher ist besser

An den letzten beiden Tabellenzeilen erkennen Sie, dass Sie als Leiter dieses Projektes ein Problem haben: Ihr Auftraggeber wünscht einen Projektabschluss bis 30. November, nach dem derzeitigen Stand Ihrer Planung ist aber erst der 31. Dezember realistisch: Es fehlen Ihnen sozusagen vier Wochen.

Das heißt auch: Ihre Planung hat sich schon gelohnt! Sie haben dank Ihrer Planung schon eine für Ihren Erfolg entscheidende Information erhalten. Mit dieser Planung können Sie nun zum Auftraggeber gehen und den Projekttermin (oder Budget, Personalausstattung und Qualitätsziele) neu verhandeln, was Ihnen mit dieser glaubhaften und überzeugenden Basis sehr viel leichter fallen wird, als ohne Meilenstein-Plan.

Der Suggestiv-Effekt

Wenn Sie in der Praxis eine Meilenstein-Planung erstellen, werden Sie sich wundern: Der Plan geht meist voll auf! Betrachten wir zum Beispiel ein Privatprojekt „Wintergarten". Ihre Partnerin sagt: „Es wäre schön, wenn wir schon im kommenden Winter einen Wintergarten hätten." In die Projektsprache übersetzt: Endtermin ist der 30. Oktober. Heute ist der 1. Juli. Das heißt, Sie haben vier Monate Zeit für das Projekt. Ist das zu schaffen? Um diese Frage zu klären, machen Sie im Kopf oder auf einem Zettel eine Meilensteinplanung. Sie skizzieren die Hauptaufgaben.

Dann überlegen Sie, wie lange diese Aufgaben dauern könnten:

- Lieferantensuche: 2 Wochen

- Planung: 2 Wochen

- Bauphase: 2 Monate

- Einrichtung und Pflanzen: 1 Monat

Das geht ja voll auf! Das Projekt wird in vier Monaten beendet sein – also exakt jener Zeit, die Sie zur Verfügung haben! Welch glückliche Fügung! Nein, das ist keine Fügung, das ist der Suggestiv-Effekt. Mit hoher Wahrscheinlichkeit haben Sie nämlich selbst an Heiligabend noch keinen Wintergarten – das suggeriert Ihnen lediglich Ihr Plan. Dieser sieht so plausibel aus, dass man ihm glauben muss.

Der Haken dabei ist: Wenn Sie noch nie einen Wintergarten gebaut haben, können Sie überhaupt nicht überblicken, ob Ihre Planung stimmt. Wir geben den Meilenstein-Aktivitäten unbewusst exakt jene Dauer, die den gewünschten Endtermin gewährleistet.

> Wenn Sie ein Projekt im Neuland angehen, ist ein Meilenstein-Plan eine absolut notwendige Voraussetzung. Er reicht aber für die Planungssicherheit nicht aus.

Denn ein Neuland-Projekt können Sie einfach nicht überblicken. Sie können zum Beispiel gar nicht wissen, dass Sie bei der aktuellen Lage im Handwerk schon allein zwei Monate benötigen, um überhaupt einen halbwegs erschwinglichen Handwerker zu finden. Um zu beurteilen, ob Ihre Meilenstein-Planung realistisch ist, müssen Sie sich erst einen Überblick verschaffen, etwa mit der Aktivitäten-Planung.

Wir machen's passend

Je öfter Sie ähnliche Projekte abwickeln, desto größer wird Ihr Überblick, desto genauer ist Ihre Meilenstein-Planung auch für ein neues Projekt. Wenn Sie dieses neue Projekt planen, werden Sie immer wieder auf ein Hindernis stoßen: Der geplante Endtermin liegt nach dem gewünschten. Was machen viele Projektleiter in diesem Fall? Sie hauen verärgert auf den Tisch: „Irgendwie muss das trotzdem passen!"

Also machen wir es passend. Wie? Die Antwort liegt auf der Hand: Indem wir die geplanten Tätigkeiten so verkürzen, dass es wieder

„passt". Das heißt, jede Hauptaufgabe erfährt eine Terminverkürzung um je eine Woche oder eine proportionale Verkürzung der Dauer um 25 Prozent.

Beides wird häufig gemacht, beides ist ziemlich gefährlich für den Projektleiter, weil es ihn in Teufels Küche bringt. Denn kein Mensch weiß, ob diese Kürzungen überhaupt realistisch sind!

Bevor Sie die Dauer von Aktivitäten kürzen, sollten Sie erst einmal überlegen, ob und wie stark die Kürzungen realisierbar sind!

Denn Papier ist geduldig, auf Papier lässt sich gut kürzen – die Realität ist da meist weniger flexibel. Es gibt, wie wir alle wissen, Meilenstein-Aufgaben, die sich überhaupt nicht kürzen lassen! Zum Beispiel Qualitätstests. Andere dagegen haben (große) Zeitreserven, Einsparungspotenziale. Deshalb ist die einzig sinnvolle Frage, wenn Ihre Planung nicht „aufgeht":

Wo liegen die Einsparpotenziale?

Manche Einsparungspotenziale sind offensichtlich. Sie erkennen Sie auf den ersten oder zweiten Blick. Reichen diese Potenziale nicht aus, um Ihre Planung an den vorgegebenen Termin anzupassen, werfen Sie nicht die Flinte ins Korn, denn es gibt neben den offensichtlichen auch versteckte Potenziale. Sie finden sie, wenn Sie die Meilenstein-Aufgaben in ihre einzelnen Arbeitspakete zerlegen und deren Einsparungspotenzial prüfen. Sie werden feststellen, dass Sie viele Einzeltätigkeiten optimieren, kürzen oder teilweise überlappend abarbeiten können.

4. Die Aktivitäten-Planung: alle Projektarbeiten auf einen Blick

Die Meilenstein-Planung hat zwei große Vorteile: Einerseits bringt sie selbst in die chaotischsten Projekte Ordnung und Übersicht, andererseits ist sie wirklich einfach zu handhaben, denn gesunder Menschenverstand reicht dafür völlig.

Es gibt eigentlich nur drei Gründe, weshalb Sie sie ergänzen sollten. Einen haben Sie schon kennengelernt: Wenn der Plan nicht „passt" und Sie kürzen müssen, brauchen Sie eine detailliertere Aufschlüsselung der Meilenstein-Aktivitäten.

Es gibt noch einen zweiten Grund für eine detailliertere Planung. Jeder von uns ist ihm begegnet, wenn er schon einmal mitten im Projekt stutzte und sich fragte:

■ Wo ist eigentlich …?

■ Wer macht eigentlich …?

■ Wer kümmert sich um …?

Plötzlich stellt sich heraus: keiner, weil niemand daran gedacht hat. Man hat die Aktivität, Teilaufgabe, das Arbeitspaket bis zu diesem Zeitpunkt ganz einfach übersehen.

Der dritte Grund für eine detailliertere Planung sind Neuland-Projekte: Wenn Sie eine Aufgabe noch nie bearbeitet haben, steckt der Teufel im Detail. Verschaffen Sie sich den Überblick über diese Details. Das geht ganz einfach:

Praxis-Tipp:

Listen Sie sämtliche notwendigen Aktivitäten pro Meilenstein auf.

Projektplanung: einfacher ist besser

So unglaublich das klingt: Selbst damit haben viele Projektleiter Schwierigkeiten, denn viele Aufgabenlisten sehen beispielsweise für das Projekt „Entwicklung eines neuen Gartengerätes" folgendermaßen aus:

- Karosserie

- Marketing

- Design

- Motor

Eine solche Aktivitäten-Liste verursacht eine Menge Probleme, die die meisten Projektleiter erst später bemerken.

> Eine Aktivitäten-Liste aus reinen Hauptwörtern ist irreführend.

Denn eine solche Liste ist sehr missverständlich. Wenn da zum Beispiel „Motor" steht, gehen garantiert einige Teammitglieder davon aus, dass man den Standard-Baureihen-Motor einfach an das neue Gartengerät anpasst. Dabei ist das Gegenteil gemeint: Gedacht war, einen neuen Motor extern einzukaufen. Wenn das ein Projektziel ist, dann muss es auch in der Aktivitäten-Liste auftauchen. Es muss drinstehen, was gemacht werden muss. Und das können Sie nur ausdrücken, indem Sie Verben verwenden:

Karosserie:

- Karosserie entwerfen

- Karosserie-Modell bauen

- Karosserie abnehmen lassen

Marketing:

- Markteinführung konzipieren

Design:

- Design erstellen
- Design an ausgewählten Nutzern testen

Motor:

- neuen Motor einkaufen

Das sieht schon anders aus. Es ist klar und unmissverständlich, weil Sie sehen, was zu tun ist. Unter einem vormals einzigen Hauptwort können sich sehr viele Tätigkeiten verbergen, die man übersehen oder vergessen hätte, wenn man nur das Hauptwort notiert. Denken Sie daran: Sie machen die Liste, damit Sie nichts vergessen. Und je mehr Tätigkeiten Sie auflisten, desto kleiner wird dieses Risiko.

Dafür wächst ein anderes Risiko: dass Sie den Überblick verlieren. Denn selbst bei kleinsten Projekten haben Sie sofort mehr als 20 Aufgaben auf Ihrer Liste. Das wird unübersichtlich. Verschaffen Sie sich wieder den Überblick:

Praxis-Tipp:

Struktur bringt den Überblick. Erstellen Sie einen Projekt-Strukturplan.

Jede Struktur, die Ihnen sympathisch ist, ist dabei erlaubt. Viele strukturieren mit Mind Map. Genauso nützlich und beliebt ist aber auch die simple Struktur, einfach alles zu Aktivitäten-Gruppen zusammenzufassen, was irgendwie zusammengehört, zum Beispiel sämtliche Vorbereitungs-, Konstruktions-, Fertigungs-, Marketing- und Dokumentations-Tätigkeiten.

Verfassen Sie die Aktivitäten-Liste am besten im Team. So können Sie zum einen alle Teammitglieder ins Boot holen. Zum anderen fällt vielen Köpfen immer mehr ein als einem Kopf. Wenn Projektleiter die Aktivitäten-Liste alleine aufstellen, tendieren sie dazu, Aktivitäten zu übersehen: ein verhängnisvoller Planungsfehler.

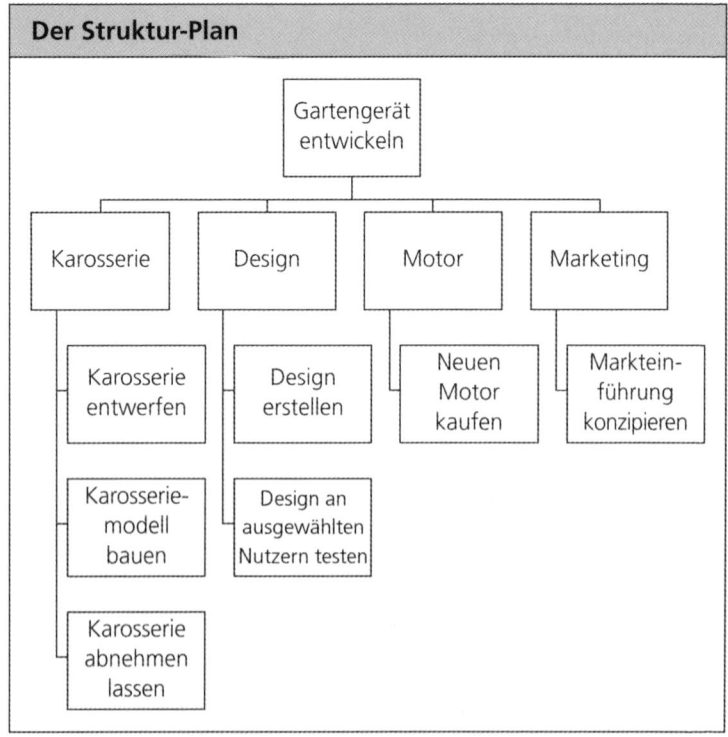

Der Struktur-Plan

Tipps für die Aktivitäten-Planung

Obwohl die Aktivitäten-Planung so einfach ist, werden dabei viele Fehler gemacht. Meist wird vor lauter Begeisterung über die umfangreiche Liste, die man dabei erhält, ein Gegencheck vergessen:

Praxis-Tipp:

Fragen Sie gruppenweise ab: Welche Tätigkeit, die eigentlich zu dieser Gruppe gehört, haben wir vergessen?

Das heißt: Sind wirklich alle Tätigkeiten der Fertigung, des Marketing etc. aufgelistet? Als nützlich hat sich auch erwiesen, die Aktivitäten nicht auf einer Liste untereinander zu schreiben, sondern zu gruppieren. Dafür sind Haftetiketten, Metaplan-Karten, Karteikarten oder ganz einfach separate Zettel besser geeignet.

Die vergessenen Aktivitäten

Wissen Sie, welche Tätigkeiten bei der Aktivitäten-Planung am häufigsten vergessen werden? Das sind die organisatorischen Aktivitäten wie periodische Teamsitzungen, Abstimmungen mit dem Auftraggeber, Tests, Abnahmen, Präsentationen, …

Und wissen Sie auch, warum sie vergessen werden? Weil sie nicht wirklich vergessen, sondern vielmehr verschoben oder gar ignoriert werden, wie eine Projektleiterin erklärt: „Wozu müssen wir diese Aktivitäten jetzt schon planen? Um die kümmern wir uns schon, wenn sie anfallen." So kann nur ein PM-Greenhorn reden, das noch nie einen Telefonanruf bekam, in dem die nächste Team-Sitzung angekündigt wurde, und darauf erwidern musste: „Was? Übermorgen schon? Aber dafür habe ich jetzt keine Zeit!" Warum nicht? Weil sie nicht eingeplant wurde. Warum nicht? Weil die entsprechende Aktivität auf der Aktivitäten-Planung fehlte. Eine alte PM-Weisheit sagt:

> Was man nicht einplant, gibt Überstunden.

Das heißt, die bei der Aktivitäten-Planung vergessene Zwischenabnahme beim Kunden kann man dann nach Feierabend oder am Wochenende vorbereiten. Das bedeutet:

> Planen Sie alles ein, was irgendwie absehbar ist.

Egal, ob Sie 20 oder 750 Aktivitäten sammeln, die Aktivitäten-Planung ist für jedes Projekt ab mittlerer Größe eine unerlässliche Grundlage. Um den nötigen Überblick über Ihr Projekt zu bekommen, müssen Sie alle notwendigen Aktivitäten kennen. Wohlgemerkt: Die Aktivitäten-Planung für sich allein genommen ist keine komplette Planung, weil zumindest die zeitliche Komponente fehlt.

Der Detailgrad

An dieser Stelle der Aktivitäten-Planung fragen viele meiner Seminarteilnehmer: „Wie weit muss ich beim Sammeln sämtlicher Tätigkeiten ins Detail gehen?". Wenn Sie zum Beispiel „Karosserie entwerfen" aufgelistet haben – reicht das? Oder müssen Sie auch noch die einzelnen untergeordneten Tätigkeiten auflisten wie erster Karosserieentwurf, Abstimmung mit anderen Abteilungen, endgültiger Karosserieentwurf? Ist „Karosserie entwerfen" nun eine oder drei Tätigkeiten auf Ihrem Aktivitäten-Plan?

Die Beispieltätigkeit „Karosserie entwerfen" ist auf jeden Fall mehr als eine Tätigkeit, wenn die einzelnen untergeordneten Tätigkeiten von mehr als einer Person ausgeführt werden.

Eine Tätigkeit ist auch dann mehr als eine Tätigkeit, wenn sie (bei kleinen und mittleren Projekten) länger als eine Woche dauert. Denn sonst gehen Ihnen Überblick und Steuerungsmöglichkeiten verloren: Wenn etwa eine vierwöchige Aktivität Verspätung hat, bemerken Sie das erst nach vier Wochen. Gliedern Sie diese Aktivität dagegen in vier Wochenaktivitäten auf, bemerken Sie es günstigstenfalls schon nach einer Woche.

Praxis-Tipp:

Eine Tätigkeit wird weiter detailliert, wenn mehrere Personen nacheinander daran beteiligt sind und/oder sie länger als eine Woche dauert.

Müssen Sie auch „Kinkerlitzchen" in Ihre Aktivitäten-Planung einstellen? Beispielsweise einen Bestellvorgang von zehn Minuten? Ja, falls der Schaden groß wäre, wenn Sie vergessen haben, sie rechtzeitig anzupacken. Dazu zählt zum Beispiel eine Management-Freigabe oder das Bestellen eines wichtigen Bauteils mit langer Lieferzeit.

5. Die W-Planung: Wer macht was bis wann?

Nehmen Sie mal als Beobachter an einem Meeting teil – der Schlag wird Sie treffen: Unabhängig davon, ob drei Sachbearbeiter zusammensitzen oder zehn Vorstandsmitglieder mit Millionengehältern, es wird immer derselbe haarsträubende Fehler gemacht.

In diesen Meetings besprechen die Teilnehmer sehr genau und engagiert, was alles wie gemacht werden muss. Das wird fein säuberlich protokolliert und man geht auseinander.

Haben Sie den Fehler bemerkt? Dann sind Sie ein alter Meeting-Hase. Der Fehler ist: In über 95 Prozent aller Meetings bespricht man zwar genau, was wie gemacht werden muss, doch bei viel zu vielen Teilaufgaben weiß keiner so genau,

- wer sich um welche Teilaufgaben kümmern und

- bis wann das fertig sein muss.

Wissen Sie, was noch unglaublicher ist? Wenn Sie nicht mehr als Gast, sondern als Akteur an einem Meeting teilnehmen, machen Sie exakt denselben Fehler. Projektleiter, die sich selbst dabei beobachten, sind hinterher fassungslos: „Jetzt haben wir wieder nicht geklärt, wer denn nun die Marktstudie durchführt, und für fünf Aktivitäten gibt es keine Endtermine!" Wie kann das passieren? Ganz einfach:

> Über Selbstverständliches redet man nicht.

Geht es um Zuständigkeiten für Aktivitäten, zerfällt jedes Meeting in zwei Gruppen: In jene Teilnehmer, die glauben, „das ist doch klar, wer mit dieser Aktivität gemeint ist" und deshalb nicht darüber reden, und in jene, die es zwar bemerken, aber gleichzeitig befürchten, dass sie die Aufgabe selbst übernehmen müssen, wenn sie nachfragen. Nach dem Motto: „Wenn Sie schon fragen – könnten nicht Sie …?" Und wer halst sich schon gerne selbst Arbeit auf?

> In jedem Projekt gibt es 10 bis 30 Prozent Tätigkeiten, für die niemand zuständig ist.

Deshalb werden sie nicht erledigt, deshalb kommt der Projektleiter in Schwierigkeiten und das Projekt in Zeitverzug. In erfahrenen Projektteams übt man deshalb Selbstdisziplin: Keine Tätigkeit ohne Verantwortliche. Die gleiche Problematik gilt auch für Termine:

> Das W-Prinzip:
> Keine Tätigkeit ohne Verantwortliche (Wer?),
> keine Tätigkeit ohne Termin (Bis wann?).

Erfahrene Projektteams haben dieses Prinzip formalisiert: Sie benutzen Formulare auf ihren Meetings. Ein Formular könnte folgendermaßen aussehen:

Die W-Liste		
Tätigkeit	**Wer?**	**Bis wann?**
Karosserie:		
▪ Karosserie entwerfen	Meier	30.4.
▪ Karosserie-Modell bauen	Schütz	5.5.
▪ Karosserie abnehmen lassen	Schmid	7.5.
Markteinführung konzentrieren	Müller	20.3.
Motor kaufen	Klein	15.2.

Aber: Termine sollten realistisch sein.

Das ist leichter gesagt, als getan. Die meisten Projektteilnehmer haben große Probleme, einzuschätzen, ob ein Termin tatsächlich eingehalten werden kann. Einige erkennen das Problem und glauben, einen Netzplan aufstellen zu müssen, um es zu lösen. Sie werden dabei natürlich von den sogenannten Experten unterstützt.

> Wer in einem kleinen bis mittleren Projekt einen Netzplan benötigt, um festzustellen, ob ein Termin für eine Aktivität gehalten werden kann oder nicht, der schießt mit Kanonen auf Spatzen.

Ein Netzplan ist ein typisches Instrument zur Komplexitätsreduktion. Und komplex sind in der Regel nur große bis sehr große Projekte. Es gibt ein viel einfacheres und schnelleres Testverfahren, um herauszufinden, ob ein Termin realistisch gewählt ist oder nicht.

6. Der Realitäts-Check: Aufwand und Dauer unterscheiden

Dies ist einer der spannendsten Abschnitte in diesem Buch. Denn jetzt kommen wir dem Rätsel auf die Spur, warum 90 Prozent aller Projekte große Probleme mit dem Endtermin haben:

> Terminprobleme liegen nur zu 30 Prozent an zu engen Terminen, aber zu 70 Prozent an den Mängeln der Terminplanung.

Betrachten wir ein Beispiel, wie es sich täglich wiederholt:

„Hans, wie viel Zeit brauchst du für Tätigkeit ABC?"

„Hm, ich schätze mal, so maximal 20 Stunden."

Sobald Hans das sagt, läuft im Kopf aller Meeting-Teilnehmer folgende Rechnung ab:

Projektplanung: einfacher ist besser

„20 Stunden – jetzt haben wir Mitte April – Endtermin für ABC ist Ende Mai – also kein Problem."

Wenn Sie etwas Projekterfahrung mitbringen, haben Sie jetzt Bauchweh bekommen: Hier hat eine Projektgruppe eben einen katastrophalen Fehler begangen. Sie hat diesen Fehler nicht einmal bemerkt – was ein zweiter Fehler ist. Und sie hat ihn nicht korrigiert – der dritte Fehler. Sie wird diesen Fehler bei der nächsten Gelegenheit wiederholen – der vierte Fehler. Vier Fehler auf einmal? Eine reife Leistung. Diese Fehler wirken sich – Sie ahnen es schon – katastrophal aus.

Weil Hans meint, jede Menge Zeit zu haben, beginnt er erst am 2. Mai mit Aktivität ABC. Wird er bis zum 31. Mai mit seinen 20 Stunden fertig? Nein. Denn im Mai muss er einen Messeauftritt vorbereiten und für vier Tage nach Genf reisen. Weil er ohnehin nur circa eine Stunde am Tag für das Projekt arbeiten kann, muss er kurz vor dem 31. Mai mitteilen: „Tut mir leid, ich werde nicht zum Termin fertig." Der Projektleiter ist außer sich: „Wie bitte? Du hattest sechs Wochen Zeit und hast die Frechheit, mir jetzt zu sagen, dass du lächerliche 20 Stunden nicht untergebracht hast?" Hier kriegen zwei gute alte Kollegen Streit, weil keiner von beiden ein ganz simples PM-Planungsverfahren einsetzte, das aus einer einzigen Frage besteht:

Wann muss ich spätestens anfangen, um pünktlich fertig zu sein?

Das heißt: Wann muss ich unter Berücksichtigung

■ meiner sonstigen Tätigkeiten und Verpflichtungen und

■ meiner relativ fixen täglichen Projekt-Arbeitszeit

spätestens mit der Arbeit am Projekt beginnen, um den vereinbarten Endtermin halten zu können? Zu den sonstigen Tätigkeiten zählen natürlich auch Urlaub, Reisen, Seminare, … Noch viel wichtiger ist jedoch die tägliche Projekt-Arbeitszeit: Wie viele Stunden kann ich im Schnitt täglich für das Projekt erübrigen?

Da sich Hans täglich nur eine Stunde um das Projekt kümmern kann, dauert seine Aktivität ABC also schon mal 20 Arbeitstage. Damit ist der ganze Mai bereits verplant! Im Mai ist er jedoch auch vier Tage in Genf und muss fünf Tage lang eine Messeaktion vorbereiten. Er müsste also neun Tage vor dem 1. Mai mit ABC beginnen. Das heißt: Als Hans am 2. Mai mit ABC und der Überzeugung beginnt, dass er „locker" bis zum vereinbarten Termin fertig wird, ist es bereits zu spät. Zum Zeitpunkt seines Arbeitsbeginns hatte er schon zwei Wochen Rückstand! Um pünktlich fertig zu werden, hätte er schon Mitte April beginnen müssen. Sinnvollerweise sollten Sie die W-Planung um den spätestmöglichen Anfangszeitpunkt ergänzen:

Die erweiterte W-Liste				
Tätigkeit	**Wer?**	**Aufwand (in Std.)**	**spätester Beginn**	**bis wann fertig?**
Karosserie:				
▪ Karosserie entwerfen	Meier	60	1.3.	30.4.
▪ Karosserie-Modell bauen	Schütz	20	1.5.	5.5.
▪ Karosserie abnehmen lassen	Schmid	2	6.5.	10.5.
Markteinführung konzipieren	Müller	20	1.2.	20.3.
Motor kaufen	Klein	15	1.1.	15.2.

Projektplanung: einfacher ist besser

Wie kann ein solcher Fehler überhaupt passieren? Warum planen Menschen ohne spätesten Beginn? Die exakte Erklärung ist relativ simpel:

Die meisten Menschen verwechseln Aufwand und Dauer.

Die Dauer einer Tätigkeit ist meist viel größer als der bloße Aufwand es suggeriert – es sei denn, Sie hätten gerade nichts anderes zu tun und könnten ohne jede Ablenkung ausschließlich an dieser einen Aufgabe arbeiten. In unserem Beispiel war der Aufwand 20 Stunden. Hören wir „20 Stunden", glauben wir, dies in nicht mal drei Arbeitstagen erledigt zu haben. Dass wir diese drei Tage nicht am Stück zur Verfügung haben, ist uns im ersten Moment nicht bewusst. Dass aus einem Aufwand von 20 Stunden, wie in unserem Beispiel, leicht eine Dauer von sechs Wochen und mehr werden kann, ist uns noch viel weniger bewusst – weil wir Aufwand und Dauer verwechseln. Für unser Beispiel heißt das:

Tätigkeit ABC

Aufwand   20 Stunden

Dauer   6 Wochen

Übrigens, Sie können sich eine Eselsbrücke bauen, um der Verwechslung von Dauer und Aufwand vorzubeugen. Wenn Sie den Aufwand für eine Tätigkeit immer in Stunden und die Dauer in Tagen oder Wochen angeben, verwechseln Sie beides nicht mehr.

Jetzt wissen Sie auch, woher das „Auf den letzten Drücker-Syndrom" kommt, warum viele von uns in immer größere Hektik geraten, je näher der Abgabetermin unserer Aufgabe rückt: Wir bemerken plötzlich, dass wir uns bei der Dauer der Tätigkeit erheblich verrechnet haben. Dann ist es zu spät. Wer denkt bei einer Tätigkeit von 20 Stunden auch an eine Dauer von sechs Wochen? Antwort: Ein Projektleiter, der sich mit der Projektplanung auskennt.

7. Das Gantt-Diagramm: die grafische Darstellung

Das Gantt-Diagramm ist das weltweit am häufigsten bei der Projektplanung verwendete Diagramm.

Das Gantt-Diagramm

Tätigkeit	Wer?	Std.	Januar				Februar				März				April				Mai				
			1	2	3	4	5	6	7	8	9	10	11	12	13	14	15	16	17	18	19	20	21
Motor kaufen	Klein	15	█	█	█	█	█																
Markteinf. konz.	Müller	20					█	█	█	█	█												
Karosserie entwerfen	Meier	60									█	█	█	█	█	█	█	█	█				
Modell bauen	Schütz	20																		█	█		
Karosserie abnehmen	Schmid	2																				█	

Wenn ein Projektleiter seinem Vorgesetzten, einem Kollegen oder einem Kunden einen Plan von seinem Projekt zeigt, dann meist in Form eines Gantt-Diagramms. Es ist selbst für einen Laien (wie Ihre Kunden, Auftraggeber etc.) auf den ersten Blick verständlich, es ist übersichtlich, praktisch und vor allem schnell erstellt. Sie müssen noch nicht einmal die Maske dafür selbst erstellen, sondern können sie sich inzwischen sogar aus dem Internet herunterladen (zum Beispiel: www.psconsult.de).

Im Prinzip ist das Gantt-Diagramm einfach nur ein Kalender. Es ist ein Diagramm, bei dem horizontal die Tage oder Wochen eingetragen sind und auf der linken Seite vertikal alle Aktivitäten. Was zuerst begonnen wird, steht oben. Im Diagramm wird zwischen dem Start- und dem Endtermin jeder Tätigkeit ein Balken eingezeichnet. Diese einfache Darstellung bietet große Vorteile:

- Sie verschlafen keine Aktivitäten, weil Sie jederzeit auf den ersten Blick sehen können, wann Sie beginnen müssen.

- Sie überziehen keine Aktivitäten, weil Sie den Endtermin täglich vor Augen haben.

- Sie können genau überblicken, welche nachfolgenden Tätigkeiten sich in Folge eines nicht eingehaltenen Endtermins hinauszögern.

- Sie holen sich jeden Tag eine kleine Belohnung ab, weil Sie jeden Tag den Fortschritt Ihres Projektes sehen.

- Sie wissen auf den ersten Blick, wo Sie mit Ihrem Projekt stehen.

Fehler beim Gantt-Diagramm

So einfach das Gantt-Diagramm ist, einige Projektleiter schaffen es tatsächlich auch hier, Fehler zu begehen. Betrachten wir die häufigsten:

- Der *Schubladen-Fehler*: Etliche Projektleiter bewahren das Gantt-Diagramm in der Schreibtischschublade, im PC oder im Leitz-Ordner auf. Dort hat es nichts zu suchen. Das Diagramm kann nämlich nur dann seine segensreiche Wirkung entfalten, wenn Sie es täglich vor Augen haben. Hängen Sie es in Augenhöhe gegenüber oder neben dem Schreibtisch auf, aber nicht nur an Ihrem, sondern auch an jedem Schreibtisch jedes Teammitgliedes. Wie gut ein Projektleiter ist, erkennen Sie auch an seinem Schreibtisch: Es muss sich ein Gantt-Diagramm in seinem Blickfeld befinden.

- Der *Schönwetter-Fehler*: Ein weiterer Fehler beim Gantt-Diagramm ist die Schönwetter-Planung. Das heißt, es werden Balken für Aktivitäten gezeichnet, als ob es schönes Wetter sei, als ob man die Ressourcen für diese Aktivitäten tatsächlich zur Verfügung hätte. Zeichnen Sie einen Balken erst, wenn Sie die nötigen Kapazitäten, Maschinen, Menschen, Finanzmittel etc. für die entsprechende Tätigkeit abgestimmt und durch Zusagen abgesichert haben.

- Der *Abwesenheits-Fehler*: Es wird vergessen, Urlaubstage, Reisen, Kundenbesuche und andere Anlässe für eine längerfristige

Abwesenheit einzutragen. Für viele Unternehmen gilt: Zwischen Juni und August ist immer einer aus dem Projektteam im Urlaub. Merke: Wenn in einer bestimmten Zeit nichts oder nicht viel läuft, muss dies im Diagramm berücksichtigt werden – deshalb kein Balken für die entsprechende Aktivität.

■ Der *Abhängigkeits-Fehler*: Angenommen, laut Ihrem Gantt-Diagramm starten die Tätigkeiten 9 und 10 am 1. September. Leider beginnt Tätigkeit 10 tatsächlich einen Monat später, weil Sie übersehen haben, dass für einen Start von Tätigkeit 10 erst Tätigkeit 15 beendet sein muss. Prüfen Sie deshalb bei jedem Anfangszeitpunkt einer Aktivität, ob diese zum vorgesehenen Zeitpunkt überhaupt schon starten kann. Sind alle Voraussetzungen erfüllt? Bei kleinen bis mittleren Projekten reicht für diese Prüfung der gesunde Menschenverstand aus.

■ Der *Multiplikations-Fehler*: Unerfahrene Projektleiter sind geradezu paralysiert, wenn die Verzögerungen in ihrem Projekt „explodieren". So kommt es zum Beispiel vor, dass sich eine kritische Tätigkeit um nur einen einzigen Tag verzögert, einige nachfolgende Aktivitäten dadurch aber um zehn Tage.

Stellen Sie sich vor, Sie haben den Beginn der technischen Dokumentation fest für den 2. 5. eingeplant. Weil eine kritische Tätigkeit noch nicht beendet ist, beginnt die Abteilung technische Dokumentation jedoch am 2. 5. mit einer anderen, projektfremden Aufgabe, welche die Kapazität der Abteilung volle zehn Tage bindet – schon hat sich Ihre Projektverzögerung verzehnfacht! Eine weitere Ursache für Verzögerungs-Explosionen: Wenn die kritische Tätigkeit endlich beendet ist, stehen die zuständigen Fachleute nicht mehr zur Verfügung, sind zum Beispiel auf einer Messe, im Ausland, beim Kunden, auf einer Tagung, kurz: unerreichbar.

Wenn Sie den Überblick über Ihr Projekt noch steigern wollen, malen Sie Ihre Balken zweifarbig:

■ blaue Balken: Aktivitäten, die sich verzögern können, ohne dass andere Aktivitäten aufgehalten werden;

- rote Balken: Wenn sich diese Arbeitspakete verspäten, verspäten sich automatisch auch nachfolgende Aktivitäten. Diese nennt man daher auch kritische Aktivitäten.

Es empfiehlt sich, die kritischen Tätigkeiten besonders im Auge zu behalten.

Qualitätsprüfung für Ihre Planung

Am Ende der Planung fühlt man sich als Projektleiter meist sehr viel sicherer: Meilenstein-Planung, Aktivitäten-Planung, W-Planung und Gantt-Diagramm geben Sicherheit. Leider sind viele Projektleiter so stolz auf ihre Planung, dass sie eine entscheidende Frage vergessen:

Wie gut ist Ihre Planung?

Wir alle machen Fehler. Vor allem Projektpläne strotzen nur so vor Fehlern. Das ist nicht schlimm, wenn wir sie kennen und vermeiden. Achten Sie vor allem auf vier kritische Punkte.

- Ist Ihre Planung vollständig? Eliminieren Sie Weiße Flecken.

- Ist Ihre Planung zuverlässig? Lassen Sie sich nicht mit unverbindlichen Zusagen abspeisen.

- Ist Ihre Planung konkret? Konkretisieren Sie Arbeitspaket-Bezeichnungen.

- Ist Ihre Planung realistisch? Vermeiden Sie Schönwetter-Planung.

Eliminieren Sie Weiße Flecken

Schauen Sie nochmals auf Ihren W-Plan und stellen Sie sich dabei eine einfache Frage: Bei wie vielen Tätigkeiten wissen Sie nicht, wer sie ausführt?

Erschreckend, nicht wahr? Erschreckend, wie oft im W-Plan nur „Marketing" steht oder „Konstruktion" oder der Name einer anderen Abteilung. Dabei ist völlig unklar, ob diese Abteilung überhaupt eine Person für diese Tätigkeit abstellen wird oder kann.

> **Praxis-Tipp:**
>
> Treffen Sie bezüglich fremder Kapazitäten keine Annahmen. Kapazitätszusagen sind besser.

Holen Sie sich daher für jede Tätigkeit auf Ihrer W-Liste die Zusage der Abteilung oder des Ausführenden ein. Das klingt einfach? Dann ist Ihnen sicher noch nie der folgende Fehler unterlaufen.

Lassen Sie sich nicht abspeisen

Die meisten Projektleiter wissen, dass man keine Kapazitäten verplanen soll, ohne sich zuerst Zusagen zu besorgen:

„Ich brauche Ihre Unterstützung bei der Konstruktion."

„Jaja, kriegen Sie, kein Problem."

> **Praxis-Tipp:**
>
> Trauen Sie niemals Pauschalzusagen von Kapazitäten.

Pauschalzusagen sind unzuverlässig. Wenn Sie keine Unterstützung erhalten und sich darüber beklagen, sagt der Linienfürst: „So war das aber nicht ausgemacht!" Und damit hat er sogar Recht! Denn Pauschalzusagen sind viel zu ungenau, um als verbindlich zu gelten. Es gibt nur eine einzige Zusage, auf die Sie sich verlassen können:

„Ja, wir planen für Sie im Mai und Juni jeweils acht Wochenstunden ein. Sie bekommen dafür Herrn Meier."

Wichtig: Eine Zusage kann Sie erst zufrieden stellen, wenn sie folgende drei Punkte enthält:

- Zeitraum
- Anzahl der Personenstunden
- Name des Ausführenden

Erst dann stimmt Ihre Planung, vorher ist sie falsch. Am besten halten Sie diese Zusage nach Erhalt schriftlich fest und geben sie an den zurück, der sie ausgesprochen hat – verbunden mit einem herzlichen Dankeschön. Denn was er schwarz auf weiß besitzt, kann er nicht vergessen.

Danach gehen Sie am besten zu Herrn Meier und stellen sicher, dass auch in seinem Kalender die zugesagten acht Wochenstunden stehen – und nicht nur im Kalender des Abteilungsleiters! Wenn Herr Meier dabei zum ersten Mal etwas von Ihrem Projekt hört, versteht es sich von selbst, dass Sie ihm eine erste Orientierung geben, um ihn auch innerlich ins Boot zu holen und ihn für Ihr Projekt zu motivieren.

Konkretisieren Sie Arbeitspaket-Bezeichnungen

Betrachten Sie Ihren W-Plan und das Gantt-Diagramm und fragen Sie sich: Können die Projektmitarbeiter damit überhaupt etwas anfangen? „Marktstudie erstellen" – was soll das heißen? Eine explorative oder eine repräsentative Studie? Direktbefragung oder Sekundärforschung?

> In der Regel ist eine Arbeitspaket-Bezeichnung als Arbeitsanweisung nicht ausreichend.

Das heißt: Sie erschweren und verzögern Ihr Projekt schon dadurch, dass Sie nicht konkret genug delegieren! Denn am Tag, an dem der entsprechende Kollege mit seiner Arbeit beginnen will, studiert er nochmals den W-Plan und bemerkt, dass er gar nicht weiß, was denn nun genau von ihm verlangt wird, deshalb

- liefert er das, was er immer liefert, wenn er „solche Dinge" machen muss – das ist jedoch nicht unbedingt das, was Sie erwarten;

- liefert er sein Arbeitspaket viel zu spät ab, weil er erst mit Ihnen und möglicherweise auch mit anderen abstimmen muss, was denn nun konkret von ihm erwartet wird. Bis alle unter einen Hut kommen, dauert das oft Tage.

Praxis-Tipp:

Jeder, der ein Arbeitspaket bekommt, bekommt dafür von Ihnen auch einen detaillierten Auftrag.

Checkliste: Arbeitspakete delegieren

Jedem, dem Sie ein Arbeitspaket geben, muss vollständig und unmissverständlich klar sein:

- Was genau erwarten Sie als Ergebnis seiner Arbeit?

- Bis wann erwarten Sie das Ergebnis?

- Was ist Ihr Messkriterium für dieses Ergebnis? Anhand welcher messbaren Größe(n) oder anhand welcher subjektiven Einschätzung entscheiden Sie, ob sein Ergebnis ausgezeichnet, akzeptabel oder nachbesserungsbedürftig ist?

- Wie wird sein Ergebnis im nächsten Projektschritt weiterverwertet? (Unterschätzen Sie nicht die Motivationswirkung dieser Frage! Kein Projektmitarbeiter blamiert sich gerne vor dem Kollegen, der seine Fehler möglicherweise ausbaden muss.)

- Was genau benötigt er, um sein Arbeitspaket zu liefern? Hat er diese Ressourcen oder müssen diese erst noch besorgt werden?

Bitte keine Schönwetter-Planung

Stellen Sie sich eine weitere Frage zur Planungssicherheit:

Funktioniert dieser Plan nur, wenn alles reibungslos läuft?

Was wollen Sie mit Ihrer Projektplanung erreichen? Dass alles so läuft, wie Sie es geplant haben. Das kann es aber nur, wenn Sie nicht an der Realität vorbeiplanen. Eine Planung muss vor allem eines sein: realistisch. Sagen Sie selbst: Wie realistisch ist es, dass wirklich alles reibungslos läuft, kein Projektmitarbeiter krank wird, alle Lieferanten wie geplant und in der vereinbarten Qualität liefern und sich nichts verzögert? Das ist nicht nur höchst unwahrscheinlich, sondern geradezu unmöglich. Wie wappnen Sie sich dagegen, dass die unvermeidlichen Verzögerungen Ihren schönen Projektplan über den Haufen werfen und der Auftraggeber Sie schräg von der Seite ansieht?

Praxis-Tipp:

Planen Sie Termine realistisch: Puffern Sie.

Zwei Arten von Puffern

Puffer sind eine sehr nützliche Planungshilfe. Wir unterscheiden zwei Arten:

- gezielte Puffer
- pauschale Puffer

Praxis-Tipp:

Wo würden Ihnen Verzögerungen im Projektverlauf am stärksten weh tun? An dieser Stelle setzen Sie gezielte Puffer.

Wenn Sie zum Beispiel am Freitag eine entscheidende Kundenpräsentation haben, werden Sie das geplante Ende der vorangehenden Tätigkeit nicht auf Donnerstag festlegen. Denn wenn diese Tätigkeit sich auch nur um einen Tag verspätet, können Sie die Präsentation nicht halten und haben einen wütenden Kunden am Hals. Puffern Sie deshalb gezielt diese vorangehende Tätigkeit, beispielsweise mit zwei Tagen. Wenn diese kritische Aktivität eigentlich vier Tage dauert, dann geben Sie ihr sechs. Damit haben Sie Mittwoch und Donnerstag als Puffer. Sicher ist sicher. Gezielte Puffer sollten immer in die Planung für vorangehende Tätigkeiten eingehen.

Ein typischer Anlass für Puffer sind Meilensteine: Wenn Sie für den 31. August einen Meilenstein geplant haben, möchten Sie nicht, dass Auftraggeber und Kunden, die auf Meilensteine besonders achten, große Augen machen. Puffern Sie die Tätigkeiten unmittelbar davor.

Einen weiteren Anlass für gezielte Puffer haben Sie bereits kennengelernt: den Multiplikations-Fehler beim Gantt-Diagramm. Selbst wenn der Endtermin für eine Tätigkeit nur um einen Tag überschritten wird, verzögert sich die darauf folgende Tätigkeit bereits um ein Mehrfaches, zum Beispiel um zehn Tage, weil die entsprechenden Ressourcen schon anderweitig verplant sind. Bestes Beispiel: Wenn Sie eine Viertelstunde zu spät zum Abflug an den Flughafen kommen, sind Sie nicht eine Viertelstunde zu spät am Zielort, sondern einen Tag, oder gar eine Woche, je nachdem, wann Sie wieder einen Platz buchen können.

Wichtig: Vor Aktivitäten, bei denen Multiplikations-Effekte auftreten können, müssen Sie puffern!

Neben den gezielten Puffern sollten Sie auch von den pauschalen Puffern Gebrauch machen. Das sind Puffer, die Sie nicht gezielt für kritische Tätigkeiten berücksichtigen, sondern eher nach Erfahrungswerten in allen Tätigkeiten.

Zu den pauschalen Puffern zählen etwa die „Pappenheimer"-Puffer. Sie kennen Ihre Pappenheimer: Team-Mitglieder, die tausend

Dinge gleichzeitig erledigen, Berufsoptimisten, ewig Reisende, Marathon-Meeting-Teilnehmer und Dauerbegeisterte, die alles stehen und liegen lassen, sobald eine neue Idee am Horizont auftaucht. Kurz: Alle Kollegen, die noch nie in vier Tagen fertig waren, wenn sie vier Tage versprochen hatten. Puffern Sie Pappenheimer nach Ihren Erfahrungswerten. Darauf meinte ein erschrockener Seminarteilnehmer einmal: „Dann muss ich beim Kollegen Müller doch glatt hundert Prozent seiner zugesagten Bearbeitungszeit draufpuffern! Ist das nicht zu viel?" Klare Antwort: Nein. Wenn Sie zuverlässig wissen, dass der liebe Kollege im Schnitt doppelt so lange braucht, dann gibt es nur eines: Sie müssen diese hundert Prozent puffern. Alles andere ist grobe Fahrlässigkeit.

8. Die Abstimmung mit dem Auftraggeber

Da stehen Sie nun mit Ihrer wunderbaren, zuverlässigen und realistischen Planung – und haben ein ganz mieses Gefühl. Denn die Realität, die Sie in Ihre Planung einbeziehen, hat an einigen Stellen so gut wie nichts mehr mit den Vorstellungen Ihres Auftraggebers gemeinsam. Machen Sie sich keine Vorwürfe: Das muss so sein!

> Die Detailplanung eines Projektes wird immer von den Vorstellungen des Auftraggebers abweichen.

Das liegt in der Natur der Sache. Wenn der Auftraggeber ebenso detailliert geplant hätte wie Sie, wäre er zum gleichen Ergebnis gekommen. Leider machen sich viele Projektleiter diese Tatsache nicht klar. Sie lassen sich vielmehr ins Bockshorn jagen: „Oje! Das weicht ja völlig von dem ab, was der Auftraggeber will! Das kann ich ihm unmöglich sagen!" Deshalb versuchen sie, das Unmögliche möglich zu machen, was aber ausnahmslos katastrophale Konsequenzen hat:

- Wer nach der Planung sieht, dass die Vorstellungen des Auftraggebers an einigen Stellen nicht umgesetzt werden können, dies aber dem Auftraggeber vorenthält, wirft damit de facto seine Planung in den Papierkorb.

- Schlimmer noch. Wer dies einmal getan hat, plant nie wieder, „weil es ja sowieso keinen Wert hat".

- Wer versucht, das Unmögliche möglich zu machen, brennt aus. Das Unmögliche ist unmöglich. Man kann das einmal machen. Doch schon beim zweiten Mal ist man ein Burn-out-Fall auf Abruf.

- Wer versucht, das Unmögliche möglich zu machen, scheitert und wird von jedem als Schuldiger abgestempelt. Das Eingeständnis zu Beginn: „Da ist einiges schlicht unmöglich – wir sollten uns Alternativen überlegen", hätte zwar auch Ärger gegeben, doch das Stigma des Scheiterns hätte er sich erspart.

Diese schlimmen Folgen des Verschweigens lassen nur einen Schluss zu: Sie müssen es Ihrem Auftraggeber sagen. Davor haben die meisten Projektleiter eine Heidenangst.

> Angst vor dem Auftraggeber ist menschlich und normal. Alle Projektleiter haben sie hin und wieder.

Sie können diese Angst entscheidend reduzieren, indem Sie sich sagen: „Besser jetzt als später!" Dabei können Sie sich auch an Vorbildern orientieren: Sicher sind Sie schon mal aus einem Geschäft gegangen und haben mehr bezahlt, als Sie eigentlich ausgeben wollten, waren aber sehr zufrieden mit Ihrer Anschaffung: Wie hat der Verkäufer das geschafft?

> Wenn Sie vernünftig mit ihm sprechen, lässt jeder Auftraggeber mit sich reden.

Projektplanung: einfacher ist besser

Nun, der Verkäufer konnte Sie davon überzeugen, dass Sie zu Ihrem geplanten Preis nicht die Qualität erhalten hätten, die Sie sich wünschen. Dabei hat er Sie aber nicht gedrängt, sondern die Entscheidung Ihnen überlassen. Das ist das ganze Erfolgsgeheimnis.

Checkliste: Wie sag ich's meinem Auftraggeber?

Denken Sie daran, wenn Sie Ihrem Auftraggeber die Ergebnisse Ihrer Projektplanung nahe bringen wollen:

- Bekennen Sie sich vorbehaltlos zu „seinem" Projekt.

- Sagen Sie ihm, dass Sie sich in einigen Punkten noch abstimmen müssten. Zählen Sie diese Punkte auf.

- Erläutern Sie einleuchtend und auf den ersten Blick nachvollziehbar, warum Ihre Detailplanung von seinen groben Vorstellungen abweicht.

- Lassen Sie ihn nicht auf seinen enttäuschten Erwartungen sitzen, sondern bieten Sie ihm sofort Alternativen an. Diese haben Sie natürlich vorher geplant. Dabei hilft es ungemein, wenn Sie seine Prioritäten bezüglich Kosten, Termin und Ergebnis kennen: Was ist ihm wichtiger? Erinnern Sie sich: Sie kennen diese Prioritäten aus der Auftragsklärung (siehe Kapitel 2).

- Lassen Sie dem Auftraggeber die Wahl der Alternativen.

- Lassen Sie den Auftraggeber Ihre Detailplanung absegnen.

Weil dieses Gespräch mit dem Auftraggeber von allen Projektleitern gefürchtet wird, ein Beispiel dazu:

Beispiel:

"Herr Direktor Müller, ich habe das Projekt sorgfältig durchgeplant und finde das Vorhaben noch genauso nötig und sinnvoll wie damals, als Sie mir den Auftrag gaben. Bei der Planung haben sich nun einige Punkte ergeben, bei denen wir aufpassen müssen, dass sie uns nicht unser Projekt beschädigen. Ein Punkt ist zum Beispiel die gewünschte Möglichkeit der Simulation. Da muss ich ganz klar sagen: Das schafft das System, wie wir uns das vorstellen, nicht. Nicht in der zur Verfügung stehenden Entwicklungszeit. Denn eine simulationsfähige Management-Software benötigt in der Anpassung an ein Unternehmen unserer Größe allein schon sechs Monate. Das eröffnet uns nun zwei Möglichkeiten: Wir verzichten in einem ersten Schritt auf die Simulation, halten unseren Wunschtermin und liefern die Simulationsfähigkeit später nach. Oder wir liefern zum Wunschtermin mit Simulation und stocken dafür den Entwicklungsauftrag an den Systemanbieter um 10000 Euro auf. Welche Lösung entspricht eher Ihren Vorstellungen?"

Möglicherweise will Ihr Auftraggeber eine Kombination beider Möglichkeiten oder etwas ganz anderes. Was machen Sie dann? Verhandeln. Ein Projektleiter braucht Verhandlungskompetenz. Wenn Sie davon noch nicht genug haben, eignen Sie sich welche an. Entweder durch Lektüre, Versuch und Irrtum und viel Disziplin, durch Training oder durch Coaching.

9. Projektplanung mit Word und Excel: einfache Software-Unterstützung

Viele Projektmanagement-Trainer und -Berater, vor allem aber die Software-Hersteller behaupten oft und gerne, dass man für die Projektplanung eine spezielle PM-Software benötige. Möglicherweise sind auch einige Kollegen in Ihrem Unternehmen auf dieses Märchen hereingefallen. Sie sind der beste Beweis dafür, dass dem nicht so ist: Diese Art der Planung kostet zwar viel Zeit, bringt aber nicht viel.

> **Praxis-Tipp:**
>
> Die „normale" Büro-Software reicht zur professionellen Projektplanung für mittlere und kleine Projekte völlig aus.

Sie liefert schnell gute Ergebnisse und ist ohne großes Einarbeiten zu beherrschen. Sie brauchen dafür nur Ihr normales Textverarbeitungs- (TV) und Tabellenkalkulationsprogramm (TK), nämlich für die

- Meilenstein-Planung: TV

- Aktivitäten-Planung: TV

- W-Planung: TV- oder TK-Tabellen

- Von-bis-Planung: TV- oder TK-Tabellen

- Planung mit Gantt-Diagramm: TK

Widerstehen Sie für Ihr kleines bis mittleres Projekt der Versuchung der großen PM-Instrumente, sie sind dafür unnötig.

10. Checkliste: Projekte schnell und einfach planen

Projekte schnell und einfach planen

- Vergessen Sie für kleine und mittlere Projekte komplexe Planungsinstrumente. Projektplanung muss schnell und einfach sein – sonst macht man sie ohnehin nicht. Word oder Excel genügen.

- Beginnen Sie mit einer Meilenstein-Planung: Welche Etappen erreiche ich bis wann?

- Listen Sie alle nötigen Arbeitspakete auf (Aktivitäten-Planung).

- Planen Sie die drei W: Wer macht was bis wann?

- Planen Sie Aufwand und Dauer der Arbeitspakete.

- Unterziehen Sie Ihre Planung einer Qualitätsprüfung: Ist sie vollständig, zuverlässig, konkret genug und realistisch?

- Hängen Sie Ihr Gantt-Diagramm über den Schreibtisch.

- Nutzen Sie möglichst einfache Tools: Textverarbeitung, Tabellenkalkulation, Vorlagen.

Weisungsloses Führen

6

Man muss die Menschen kennen,
um sie führen zu können.

Warren G. Bennis, On Becoming a Leader

1. Ein Projektleiter hat nichts zu sagen

Dass ein Projektleiter „nichts zu sagen" hat, weil er keine diszipli-
narische Weisungsbefugnis besitzt, wirft in vielen Projekten hef-
tige Probleme auf, die jedem Projektleiter leidvoll bekannt sind:

- Teammitglieder sagen die Erledigung von Aufgaben zu, nur um
beim nächsten Meeting zu verkünden, dass sie „leider nicht
dazu gekommen" sind – beim eigenen Vorgesetzten würden
sie sich das nicht trauen!

- Bereiche und Abteilungen sagen ihre Kooperation für Ihr Projekt zu, lassen Sie dann aber hängen.

- Ein Abteilungsleiter sagt Ihnen seine Unterstützung zu, doch
„sein" Teammitglied sagt Ihnen ins Gesicht, dass Ihre Vorstellungen „undurchführbar" sind.

- Wann immer Sie die Leute zur Einhaltung ihrer Zusagen anhal-
ten, reden diese sich heraus: „Wir haben so viel anderes zu tun
und so wenig Zeit!" Mit dieser Ausrede würden sie gegenüber
ihren jeweiligen Vorgesetzten nicht durchkommen.

Welche Probleme haben Sie in Ihrem Projekt, die von der fehlenden Weisungsbefugnis verursacht werden?

2. Zwei Holzwege und das Eskalations-Modell

Das Problem der fehlenden Weisungsbefugnis zeigt sich in erster
Linie darin, dass Projektmitarbeiter Dinge zusagen, die sie nicht
einhalten. Unerfahrene Projektleiter sind zunächst menschlich ent-

täuscht, wenn man sie hängen lässt. Sie reagieren emotional und machen den entsprechenden Personen Vorhaltungen. Eine zwar verständliche, aber keine besonders konstruktive Reaktion.

> Vorwürfe bringen selten etwas. Sie verhärten lediglich die Fronten.

Eine zweite häufige Reaktion ist Resignation: Der Projektleiter sieht ein, dass er den Leuten im Grunde nichts zu sagen hat und akzeptiert die gebrochene Zusage schulterzuckend. Auch das ist so verständlich wie verhängnisvoll.

> Wer gebrochene Zusagen klaglos hinnimmt, verliert seine Glaubwürdigkeit: Plötzlich hält kaum einer mehr seine Zusagen ein.

Der Projektleiter wehrt sich nicht. Wie auch? Wie soll er sich denn durchsetzen, wenn er keine Weisungsbefugnis hat? Sie benötigen dazu lediglich die geeigneten Instrumente. Eines dieser Instrumente ist das Modell der Vierecksbeziehung. Es geht davon aus, dass an Problemen zwischen zwei Personen immer eine dritte oder vierte Person beteiligt ist.

Möglicherweise möchte ein Teamkollege Ihnen gegenüber seine Zusagen einhalten, kann das aber nicht, weil sein Chef interveniert. Und schließlich ist da noch der Auftraggeber, der sich immer wieder einschaltet. Das bedeutet: Im Projekt stehen Sie immer in einer Vierecksbeziehung. Wenn es zu Problemen kommt, sollten Sie dieses Viereck analysieren. Gehen Sie dabei von der hierarchisch niedrigeren Stufe zur nächsthöheren vor:

- Ebene 1: Konfliktklärung mit dem Teamkollegen

- Ebene 2: Klärung mit dessen Vorgesetztem

- Ebene 3: Auftraggeber einschalten

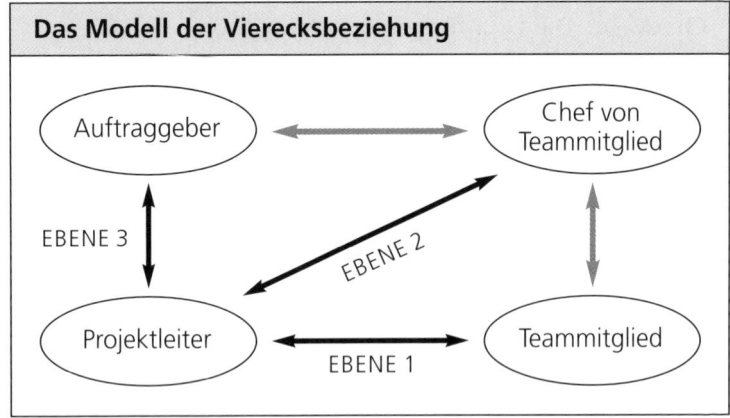

Das Modell der Vierecksbeziehung

3. Eskalation auf Ebene 1: Gespräch mit dem Kollegen

Wenn ein Teammitglied Sie hängen lässt, sind Sie verständlicherweise sauer. Viele unerfahrene Projektleiter lassen sich in dieser Verärgerung dazu hinreißen, dem Kollegen Vorhaltungen zu machen, ihm mangelnde Motivation vorzuwerfen.

Vorwürfe bringen nichts, da es dem Teamkollegen nur in den seltensten Fällen an Motivation und gutem Willen mangelt. Das vermeintliche Motivationsproblem ist weitaus häufiger ein Transparenzproblem: Der Kollege wusste gar nicht genau, was er tun sollte, das heißt: Nicht der Kollege hat den Projektleiter hängen lassen, sondern der Projektleiter hat den Kollegen gar nicht oder lediglich unzureichend ins Bild gesetzt, weil er die Grundlagen der Delegation nicht beherrscht. Beherrschen Sie sie?

Checkliste: Die Grundlagen der Delegation

- Ist Ihrem Teamkollegen unmissverständlich klar, was Sie von ihm erwarten, was das Ziel seiner Aufgabe ist?

- Ist ihm klar, wozu Sie seine Leistung brauchen? Wer mit seinem Ergebnis weiter arbeiten muss und deshalb verärgert ist, wenn er hängen gelassen wird? Ist ihm klar, was die Folgen für das Projekt sind, wenn er nicht liefert? Diese Auswirkungen (Verspätungen, Qualitätsmängel, …) motivieren sehr viel nachhaltiger als die schärfste Anweisung! Kennt der Kollege diese Folgen nicht, denkt er leicht: „Zwei Wochen später abzuliefern ist auch nicht weiter schlimm."

- Ist ihm der Qualitäts-Anspruch und der Umfang seiner Aufgabe klar? Weiß er, anhand welcher Kriterien Sie entscheiden, ob seine Ergebnisse ausgezeichnet, akzeptabel oder nachbesserungsbedürftig sind?

- Weiß er, bis wann er liefern muss?

- Kann er den Aufwand realistisch einschätzen und passt dieser in seinen Kalender?

Man hat als Projektleiter immer die Teammitglieder, die man verdient. Wer seine Leute schlecht über den Kontext des Projektes im Allgemeinen und unzureichend über ihre einzelnen Aufgaben im Speziellen informiert, darf sich nicht wundern, dass einige im nächsten Meeting sagen: „Tut mir leid, ich hatte leider keine Zeit für mein Arbeitspaket."

Wenn ein Kollege nicht das liefert, was vereinbart wurde, liegt das in der Regel daran, dass ihm nicht ganz klar war, was von ihm erwartet wurde, welche Auswirkungen seine Minderleistung auf das Projekt hat und welchen zusätzlichen Aufwand das verursacht. Schaffen Sie diese Klarheit, bevor Sie die Arbeitspakete verteilen.

Dann werden Sie auch nicht von den Projektmitarbeitern hängen gelassen.

Was aber, wenn dem Kollegen völlig klar war, was Sie von ihm erwarteten und er trotzdem nicht rechtzeitig liefert? Dann gehen Sie eine Stufe weiter.

4. Was tun, wenn jemand Zusagen nicht einhält?

Reagieren Sie nicht mit Vorwürfen und Schuldzuweisungen, wenn ein Teammitglied verspätet oder unvollständig sein Arbeitspaket abliefert. Das belastet nicht nur die Atmosphäre, es bringt Ihnen auch nichts für den Fortgang Ihres Projektes. Gehen Sie konstruktiv mit der Situation um:

Checkliste: Was tun bei gebrochenen Zusagen?

- Klären Sie vorwurfsfrei: Woran liegt es?
- Was wird dadurch im Projekt behindert?
- Wie können Sie das wieder aufholen?
- Treffen Sie eine neue, diesmal verlässlichere Vereinbarung.

Machen Sie dem Kollegen keine Vorwürfe, versuchen Sie lieber, die wahren Gründe herauszufinden:

- War er vielleicht krank oder ein Kollege, den er vertreten musste, möglicherweise hat ein Lieferant gepatzt, oder kam es zu unvorhergesehenen Problemen?

- Passt Ihr Projekt nicht in seine Abteilung und wird deshalb nachrangig behandelt?

- Hat er sich in Aufwand und Terminplanung verschätzt?

- War der Grund einmalig oder kann er immer wieder auftreten?

Was tun, wenn jemand Zusagen nicht einhält?

Vor allem die letzte Frage ist wichtig: Müssen Sie damit rechnen, dass sich das Versäumnis wiederholt? Vielleicht müssen Sie feststellen, dass er für längere Zeit einen erkrankten Kollegen vertreten muss oder er sich ganz einfach im Aufwand verschätzt hat: Dann hat er sich auch mit hoher Wahrscheinlichkeit bei anderen Zusagen verschätzt! Gerade bei unerfahrenen Kollegen kommt das häufig vor.

Punkt 3 obiger Checkliste bedeutet: Der Kollege, der seine Zusage nicht einhält, muss sich auch um die Folgen kümmern.

> Es ist entscheidend, den Kollegen in die Lösung mit einzubeziehen.

Das ist unbedingt notwendig, damit er überhaupt die Verantwortung für eine Lösung übernimmt. Sonst könnte er ja auf dem Standpunkt stehen: „Das ist jetzt dein Problem!" Es kann nicht angehen, dass ein Problem, das von einem Teammitglied verursacht wurde, von einem anderen Mitglied oder dem Projektleiter alleine gelöst werden muss.

Konzentrieren Sie sich besonders auf Punkt 4 obiger Checkliste: Sie müssen nun eine neue Vereinbarung mit ihm treffen. Klären Sie, bis wann er nachliefern kann. Wie sicher ist er, dass es diesmal funktioniert? Wenn seine Minderleistung ihren Grund darin hat, dass er sich im Aufwand verschätzt hat, dann achten Sie besonders darauf, dass er beim nächsten Mal richtig rechnet. Prüfen und fragen Sie nach, bis Sie mit der Zuverlässigkeit seiner Zusage zufrieden sind.

So einfach diese Checkliste ist, es treten dabei einige Fehler auf. Viele Projektleiter konzentrieren sich zu sehr auf Punkt 1: Ursachenklärung. Zu lang wird darüber geredet, wie es zur Minderleistung kam, wer alles dafür verantwortlich ist und dass der Kollege im Grunde überhaupt nichts dafür kann. Das bringt Sie leider keinen Schritt weiter und kostet nur wertvolle Zeit.

Praxis-Tipp:

Investieren Sie 20 Prozent Ihrer Zeit, Energie und Fragen auf die Ursachenklärung und 80 Prozent auf die Frage: Wie bügeln wir das wieder aus?

Was aber machen Sie, wenn Sie einen oder mehrere Kollegen im Team haben, die ständig Zusagen nicht einhalten, immer einen unglaublich triftigen Grund dafür finden und sich permanent der Verantwortung entziehen? Darauf kennen Sie die Antwort bereits: Bauen Sie Puffer ein. Sie kennen Ihre Pappenheimer. Wenn einer von ihnen „zehn Tage" sagt, dann wissen Sie aus Erfahrung, dass es zwölf bis 15 Tage werden. Bauen Sie den entsprechenden Puffer zwischen seiner Tätigkeit und der darauf folgenden ein. Dasselbe gilt für Kollegen mit gewohnheitsmäßigem Nachbesserungsbedarf: Puffern Sie!

Wichtig: Geben Sie dem Kollegen jedes Mal Rückmeldung, damit er merkt, dass sein Verhalten nicht in Ordnung ist und die Kollegen im Team nicht den Eindruck erhalten, dass Sie Unsitten einreißen lassen.

5. Das Motivations-Dilemma

Viele Projektleiter fragen sich: „Wie soll ich denn meine Teammitglieder zur Mitarbeit motivieren, wenn ich ihnen keine Anweisungen geben darf?" Darin liegt eine grundlegende Verwechslung:

Anweisungen motivieren nicht. Wer motivieren kann, braucht keine Anweisung.

Nach einer Anweisung wird zwar das Erwünschte erledigt, doch wer motivieren kann, kommt auch ohne Anweisung zurecht.

Was können Sie tun, um Teammitglieder zu motivieren?

- Sammeln Sie Ideen und Anregungen der Mitglieder und diskutieren Sie diese.

- Halten Sie alle Teammitglieder auf dem Laufenden.

- Kommunizieren Sie konsequent und ehrlich.

- Reden Sie mit den Leuten, fragen Sie nach.

- Geben Sie bei guter Leistung sofort Anerkennung.

- Behandeln Sie die Menschen wie Menschen.

- Reduzieren Sie organisatorischen Ballast, der die Mitarbeiter von ihrer Arbeit abhält und nur belastet.

Sehen Sie, wie einfach die vielbeschworene Sozialkompetenz in Projekten ist? Jedenfalls viel weniger kompliziert, als sie immer dargestellt wird. Wenn Sie auch nur drei von diesen sieben Tipps umsetzen (können), tun Sie exakt das, was alle Welt ständig von einem Projektleiter fordert: beziehungsorientiert führen, emotionale Intelligenz zeigen, Sozialkompetenz und Führungsqualität beweisen.

Eine Viertelstunde einfach nur dem Kollegen bei seinen Sorgen und Nöten zuzuhören, bringt oft 150 Prozent Motivation. Sagen Sie selbst: Welche Anweisung der Welt schafft das? So gesehen ist es sehr einfach, im Projekt zu motivieren. Ihre Projektmitarbeiter werden es Ihnen mit viel Engagement danken. Geben Sie ihnen, was ihnen anderswo verwehrt wird. Sie werden es Ihnen mit Faktor 10 zurückzahlen.

Unmotivierte Mitarbeiter

Wenn trotz Ihrer eben skizzierten mitarbeiterorientierten Führung einige Kollegen unmotiviert sind, ist das noch lange kein Grund, aufzugeben.

Der erste Impuls in dieser Situation ist: „Den Kollegen muss man einfach überzeugen! Man muss ihm zeigen, wie wichtig das Projekt für das Unternehmen ist." Leider funktioniert das entweder überhaupt nicht oder nur schwach. Meist erreichen Sie damit sogar das Gegenteil: Der Kollege wird nur noch unmotivierter.

> Wenn Sie jemanden zu überreden versuchen, ignorieren Sie die Ursachen seiner Verstimmung.

Jemanden motivieren zu wollen, ohne dem Grund seiner Demotivation auf den Grund zu gehen, bewirkt nichts. Die beste Motivation ist immer noch, herauszufinden, was ihn demotiviert. Dabei helfen Ihnen vier mögliche Gründe für seine Frustration:

- Das Projekt ergibt für den Kollegen keinen Sinn.

- Er fühlt sich überlastet.

- Es fehlen ihm die nötigen Ressourcen.

- Der Kollege ist generell demotiviert.

Das Projekt ergibt für den Teamkollegen keinen Sinn

Wenn ein Kollege passiv ist, meckert oder einfach nicht mitdenkt, dann sollten Sie zunächst nicht bösen Willen unterstellen. Vielleicht trifft eher Folgendes zu:

> Wer keinen Sinn im Projekt sieht, engagiert sich auch nicht.

Das ist sogar rational. Würden Sie sich für etwas engagieren, das für Sie keinen Sinn macht? Natürlich können Sie einen Kollegen auch direkt fragen: „Für dich macht das offenbar keinen Sinn, oder?" Klopfen Sie statt dessen auf den Busch: „Ihr habt nun einiges über das Projekt erfahren. Wie steht Ihr nun zu Sinn und Zweck des Projektes?"

Was tun Sie, wenn darauf tatsächlich einer sagt: „Ja, schöne Idee – aber meine Abteilung hat davon nichts!"? Fragen Sie ihn nach dem Grund: Meist kommt dabei heraus, dass Ihr Projekt nicht sinnlos ist, sondern Ihr Kollege lediglich einige Informationen missverstanden oder aber übersehen hat.

Sollte sich allerdings herausstellen, dass Ihr Projekt für seine Abteilung keinen Sinn macht, müssen Sie das Projekt eventuell so ändern, dass auch seine Abteilung Nutzen daraus zieht. Wie das geschehen kann, erklärt das Kapitel zur Kontextklärung (siehe Kapitel 3).

Der Kollege fühlt sich überfordert oder es fehlen Ressourcen

Diesen Spruch kennen wir alle: „Ich habe schon genug mit meiner eigentlichen Arbeit und drei anderen Projekten zu tun. Wie soll ich denn dieses neue Projekt auch noch unterbringen?"

Natürlich ist es Unfug, den Kollegen daraufhin „motivieren" zu wollen: „Sie kriegen das sicher noch irgendwie unter!" Wer so redet, nimmt den Kollegen einfach nicht ernst, und wer nicht ernst genommen wird, fühlt sich frustriert, nicht motiviert.

Reden Sie einfach mit ihm: Wie kann er sich selbst entlasten, welche Bagatellaufgaben kann er weglassen oder verschieben, was kann er delegieren? Wenn diese Reorganisation seiner Arbeit nicht ausreicht, schlagen Sie vor, mit seinem Vorgesetzten zu reden, ob nicht dieser etwas für ihn tun kann. Wer soll mit dem Vorgesetzten reden? Sie, er oder sie beide?

Haben Sie es bemerkt? Motivation ist nicht das, was viele Amerikaner darunter verstehen: „Du schaffst das! Reiß dich zusammen! You can get it if you really want it!" Das ist Manipulation und die funktioniert nicht (wirklich und langfristig). Die beste Motivation ist immer noch,

- die Menschen in ihrer Demotivation ernst zu nehmen,

- ihnen Verständnis zu geben und

- mit ihnen an einer Lösung zu arbeiten.

Der generell Demotivierte

Manche Kollegen sind einfach sauer. Nicht auf Sie, nicht auf Ihr Projekt, sondern auf die ganze Firma. Warum auch immer.

> Sie müssen nicht das Motivationsproblem der ganzen Firma lösen.

Sie können den Kollegen trotzdem für Ihr Projekt motivieren: Ihm zuhören, ihn ernst nehmen, Verständnis zeigen, ihn aber auch darauf hinweisen, dass Sie beim besten Willen kaum etwas gegen seine Enttäuschung über die gesamte Firma tun können, und ihn dann fragen: „Können wir zumindest für unser Projekt zu einer funktionierenden Zusammenarbeit gelangen?" Vielleicht klappt es ja.

Verweigert der Kollege jedoch jede Zusammenarbeit, bleibt Ihnen nur der Gang zu seinem Vorgesetzten und gegebenenfalls zu Ihrem Auftraggeber, um das Problem zur Sprache zu bringen und zu klären. Schließlich wird niemand für Arbeitsverweigerung bezahlt.

Sie bekommen nicht die Besten

Etliche Projektleiter beklagen sich über ihre Besetzung: „Wir haben nur Experten aus der zweiten Reihe für unser Projekt bekommen. Da können wir unsere Ziele ja gar nicht erreichen!" Das ist zwar eine verständliche Klage, aber: Meist sind die Leute aus dem zweiten Glied nur deshalb dort, weil die Spitzenexperten sie nicht nach oben lassen!

Sie können auch aus zweitbesten Leuten ein Spitzenteam machen.

Warum machen das nur die guten Projektleiter? Weil es sich die anderen einfach machen und sich beklagen, statt konstruktiv mit der Situation umzugehen.

Praxis-Tipp:

Passen Sie Ihre Planung auf jeden Fall den Teamkollegen an, die Ihnen für das Projekt zur Verfügung stehen.

Überprüfen Sie alle Termine und Zusagen: Sind sie realistisch? Oder brauchen Kollegen aus der zweiten Reihe möglicherweise, zumindest am Anfang, etwas länger? Korrigieren Sie nötigenfalls auch Qualität und Kosten und geben Sie das unbedingt an Ihren Auftraggeber weiter: Wir haben nur diese Kollegen bekommen – können wir mit dem daraus resultierenden Qualitätsstandard und dem Zeitrahmen zufrieden sein? Wenn nicht, was können wir sonst tun?

Möglicherweise geht es mit Kollegen aus der zweiten Reihe nicht so schnell und gut wie mit den absoluten Experten. Doch macht das für Ihr Projekt überhaupt irgendetwas aus? Kollegen aus der zweiten Reihe scheinen nämlich nur zweitklassig. Mit etwas Motivation entwickeln sie sich rasch zum absoluten Spitzenteam. Die Projektpraxis beweist das täglich, wenn Teams aus Unerfahrenen die ausgewiesenen Expertenteams schlagen.

6. Eskalation auf Ebene 2: Gespräch mit dem Chef des Kollegen

Oft wollen Teamkollegen liefern, können es aber nicht. Weil Ihr Projekt in der Abteilung des Kollegen keinen Stellenwert hat. Auch daran sehen Sie, wie nutzlos Vorwürfe sind: Sie treffen damit den Falschen! Der Kollege will durchaus, doch sein Chef hat etwas dagegen, denn er hält vieles andere einfach für wichtiger als Ihr Projekt.

> Wenn ein Teammitglied nicht wie vereinbart liefert, liegt es oft daran, dass in seiner Abteilung Ihr Projekt eine nachrangige Priorität hat.

Sie bekommen das im persönlichen Gespräch und nach einer Überprüfung der Grundlagen der Delegation schnell heraus. Dann müssen Sie mit dem Vorgesetzten des Kollegen reden, doch damit haben viele Projektleiter ein Problem: Sie möchten niemanden anschwärzen, denn der Vorgesetzte wird vermutlich sauer auf den Kollegen sein, wenn dieser in Ihrem Projekt „Ärger macht". Sie entschärfen die Situation, indem Sie

- zunächst den Kollegen fragen, ob Sie, er oder Sie beide mit seinem Vorgesetzten reden sollen und

- jeden Vorwurf vermeiden, also nicht über den Kollegen, seine knappe Zeit und die ungünstigen Prioritäten in der Abteilung reden, sondern ganz einfach sachlich bleiben.

Praxis-Tipp:

Reden Sie nicht über das Problem, sondern über mögliche Lösungen.

Eskalation auf Ebene 2: Gespräch mit dem Chef des Kollegen

Reden Sie nicht darüber, dass der Kollege zu wenig Zeit für Ihr Projekt hat, sondern wie sein Vorgesetzter ihn entlasten kann, indem er seine Arbeit etwas anders organisiert.

Viele Projektleiter haben ein zweites Problem mit diesem notwendigen Gespräch: Sie trauen sich nicht. Wer redet schon gerne mit hohen Tieren! Da hilft nur eines: Konzentrieren Sie sich allein auf Ihre Sachaufgabe, nämlich Ihrem Projekt mehr Kapazitäten zu verschaffen. Was kann der Vorgesetzte denn schon tun? Er könnte Ihnen höchstens Ihre Bitte abschlagen. Es ist den Versuch wert. Sie können nichts dabei verlieren, sondern nur gewinnen.

Aber: Jammern Sie nicht! Das hört der Vorgesetzte täglich schon genug. Jammern um Kapazitäten ist keine Entscheidungsvorlage.

Checkliste: Vorgesetzte überzeugen

■ Schildern Sie dem Vorgesetzten Ihre Lage, die verursachte Verzögerung und deren Konsequenzen in kurzen Worten.

■ Zeigen Sie ihm, was dem Unternehmen verloren geht, weil Ihr Projekt verzögert wird. Das interessiert ihn.

■ Zeigen Sie ihm, welchen Nutzen sein Führungsbereich von Ihrem Projekt hat und sich dieser nun verzögert oder vermindert.

■ Erst dann schlagen Sie ihm vor, den betreffenden Teamkollegen von anderen Arbeiten zu entlasten, sie aufzuschieben oder anderen Mitarbeitern zu geben, oder noch einen zusätzlichen Mitarbeiter für die fehlenden Personenstunden abzustellen. Er wird das nicht akzeptieren? Dann verhandeln Sie mit ihm. Jeder Kompromiss ist besser als gar keine Verbesserung.

Oft wird Ihnen der Vorgesetzte erwidern: „Ich verstehe, dass Ihnen Ihr Projekt wichtig ist. Aber auch wir haben so viele wichtige Projekte, dass wir einfach nicht mehr Kapazitäten erübrigen können!" Das kann zutreffen – muss es aber nicht. Unerfahrene Projektleiter machen hier den Fehler, zu zeigen, wie wichtig das Projekt für sie selbst ist. Weisen Sie den Vorgesetzten stattdessen darauf hin, welchen Nutzen das Projekt ihm und seiner Abteilung bringt. Darüber hinaus interessiert ihn noch, wie das Unternehmen als Ganzes von Ihrem Projekt profitiert. Sagen Sie es ihm, das nennt man sein Projekt verkaufen, Projekt-PR, Projektmarketing.

Viele Projektleiter machen das nicht, weil sie davon ausgehen, dass jedem im Unternehmen längst klar sein müsste, wie wichtig ihr Projekt für alle ist. Das ist ein typischer Anfängerfehler. Woher sollen die Leute das denn wissen, wenn nicht von Ihnen? Sie sind der erste Fürsprecher Ihres Projektes, also sprechen Sie für Ihr Projekt.

> Wenn andere Sie hängen lassen, liegt es oft daran, dass Sie vorher schon Ihr Projekt haben hängen lassen, indem Sie es schlecht verkauft haben.

Wenn dem Vorgesetzten klar wird, welchen Nutzen seine Abteilung von Ihrem Projekt hat, kommt es meist schnell zu einer Lösung oder einem tragfähigen Kompromiss. Wenn nicht, gehen Sie einen Schritt weiter.

7. Eskalation auf Ebene 3: Gespräch mit dem Auftraggeber

Wenn die Verhandlungen mit dem Chef des betreffenden Teammitglieds scheitern, ziehen sich unerfahrene Projektleiter häufig zurück und versuchen, mit eigener Leistung die fehlenden Kapazitäten zu ersetzen. Das ist Wahnsinn und führt nach einiger Zeit zum Burn-out.

Machen Sie stattdessen von einer anderen Möglichkeit Gebrauch. Informieren Sie den Auftraggeber. Fragen Sie ihn, was er von seiner Position beim Vorgesetzten des Teamkollegen erreichen kann. Bitten Sie ihn, seine Beziehungen spielen zu lassen:

- Motivieren Sie ihn dazu, indem Sie ihm die Konsequenzen des Kapazitätsengpasses auf Existenz, Kosten, Termine und Qualitätsziele des Projektes aufzeigen.

- Sagen Sie ihm unmissverständlich, was genau Sie benötigen, damit er mit dem Vorgesetzten Ihres Teammitglieds erfolgreich verhandeln kann.

Was wird Ihr Auftraggeber daraufhin tun? Wird er seine Beziehungen spielen lassen? Nein. Er wird zunächst abwiegeln und sagen: „Aber für so etwas haben wir doch Sie!" Sagen Sie ihm, dass nicht Sie mit Abteilungs- und Bereichsleitern verhandeln können, sondern nur er. Wenn ihn das nicht sonderlich überzeugt, legen Sie einen Zahn zu und zeigen Sie ihm die Optionen auf, die er hat:

- „Wir können damit leben, dass unser Projekt zu wenig Kapazität von Abteilung X bekommt. Dann verzögert sich unser Endtermin um drei Monate oder wir machen Abstriche bei …, bei … und bei …;

- oder aber wir unterbrechen unser Projekt, bis Abteilung X wieder Zeit für uns hat;

- oder aber Sie erreichen über Ihre Kontakte, dass die uns mehr Kapazität zur Verfügung stellen."

Wenn Sie so kurz und prägnant die Alternativen aufzeigen, wird jeder vernünftige Auftraggeber zur Einsicht gelangen. Natürlich wird er nicht sonderlich begeistert sein, aber das können Sie verkraften.

> Auftraggeber erfüllen selten ihre Pflichten von sich aus – Sie müssen sie höflich, aber bestimmt daran erinnern.

Auch das gehört zu Ihren Pflichten als Projektleiter. Ihr Auftraggeber hat nun die Möglichkeit, die Projektziele zu ändern und an die Zwänge oder Randbedingungen durch andere Abteilungen anzupassen. Oder er entscheidet sich, selbst zu verhandeln und vielleicht aus seiner höheren Position heraus bessere Ergebnisse zu erreichen. Das ist seine Verantwortung als Auftraggeber.

Der Extremfall des uneinsichtigen Auftraggebers

In sehr seltenen Fällen erweist sich ein Auftraggeber als uneinsichtig: „Ich verhandle nicht mit dem betreffenden Vorgesetzten, aber Ihr Projekt muss trotzdem pünktlich und im Budget seine Ziele erreichen!" Schlucken Sie Ihre verständliche Empörung nicht hinunter. Dafür werden Sie nicht bezahlt. Machen Sie stattdessen Ihren Auftraggeber höflich, aber bestimmt darauf aufmerksam, was ein Projektleiter kann und was nicht:

- Er kann nicht mit einem Vorgesetzten eines Teamkollegen verhandeln, wie das bei einem hierarchisch Gleichgestellten der Fall ist.

- Wenn 20 Personentage zugesagt waren und gebraucht werden, aber nur fünf eingehalten werden, dann kann er die fehlenden 15 nicht ohne weiteres kompensieren.

Das wird dem Auftraggeber nicht gefallen. Genau das ist jedoch Ihre Aufgabe, mit der Sie sich auch selbst schützen: Sie müssen nachweisen können, dass Sie den Auftraggeber deutlich auf die Konsequenzen seines Handelns aufmerksam gemacht haben. Sonst bekommen Sie Vorhaltungen wie beispielsweise: „Ja, warum haben Sie mir damals nicht gesagt, wie wichtig das für das Projekt ist?"

Was tun Sie, wenn der Auftraggeber keine Änderung zulässt und nichts unternimmt um das Projekt realisierbar zu gestalten? Zeigen Sie ihm nochmals auf, was diese Haltung für die Termine, Kosten und Ergebnisse des Projekts bedeutet. Dann versichern Sie ihm, dass Sie Ihr Möglichstes tun werden, dass Sie aber unter den gegebenen Umständen keine Garantie für ein gutes Ergebnis abgeben können.

> **Praxis-Tipp:**
>
> Schlagen Sie Ihrem Auftraggeber eine Weiterarbeit ohne konkrete Zielvereinbarung vor.

Die meisten Auftraggeber sind damit durchaus einverstanden. Dann kommt eben das unter den gegebenen Umständen beste Ergebnis heraus und damit sind die Auftraggeber dann meist auch tatsächlich zufrieden.

Sehr gefährlich ist dagegen die Reaktion unerfahrener Projektleiter: Sie versuchen, die ausgefallenen Kapazitäten durch Eigenleistung zu kompensieren, weil sie glauben, dass sie mit ihrem Opfer ihre Karriere fördern. Das Gegenteil ist aber der Fall. Wer kaputt ist, steigt nicht auf, sondern wird fallengelassen. Es gibt in vielen Unternehmen Abteilungen – auch als „Durchlauferhitzer" bekannt –, die dieses Verfahren zwar nicht absichtlich, aber doch mit stiller Duldung einsetzen, sie verschleißen ihre Projektleiter buchstäblich.

> **Praxis-Tipp:**
>
> Kompensieren Sie nur im äußersten Notfall fehlende Kapazitäten durch Eigenleistung: Das sollte eine einmalige Aktion ohne Wiederholung sein.

8. Checkliste: Weisungslos führen

Weisungslos führen
■ Wenn Zusagen gebrochen werden: Nicht aufregen, keine Vorwürfe erheben – das bringt nichts.
■ Auf keinen Fall stumm durchgehen lassen: Das findet schnell viele Nachahmer!
■ Nicht mit Eigenarbeit kompensieren – das frisst Sie auf!
■ Sprechen Sie mit dem Kollegen: Hat er überhaupt verstanden, was von ihm verlangt war?
■ Überprüfen Sie die Grundlagen: War die Delegation komplett?
■ Klären Sie: Wie bügeln wir das wieder aus?
■ Treffen Sie mit ihm eine neue Vereinbarung.
■ Falls er wollte, aber nicht konnte, weil Ihr Projekt in seiner Abteilung nachrangig ist: Verhandeln Sie mit seinem Vorgesetzten.
■ Falls dabei nichts herauskommt: Schalten Sie den Auftraggeber ein.
■ Motivieren Sie Ihre Teammitglieder, indem Sie sich um ihre Anliegen und Probleme kümmern.

Projektsteuerung: Projekte sicher ins Ziel bringen

7

Wenn mitten im Projekt Abweichungen auftauchen,
hat zu Beginn des Projekts einer geschlafen.

Katrin Klinke, Projektleiterin

1. Das Elend mit den Abweichungen

Wenn ich Teilnehmer zu Beginn eines Seminars frage: „Was ist für Sie das Wichtigste beim Projektmanagement?", höre ich von 90 Prozent die Antwort: „Natürlich die Projektsteuerung!"

Denn bei der Projektsteuerung gibt es erfahrungsgemäß die größten, schmerzhaftesten, peinlichsten und für die eigene Karriere nachteiligsten Probleme. Wer hat als Projektleiter nicht schon in das wütende Gesicht seines Auftraggebers und unmittelbaren Vorgesetzten geblickt, wenn dieser aufsprang und rief: „Was? Wie viele Tage hängen Sie hinterher? Um wie viel werden Sie das Budget überziehen? Welche Qualitätsanforderungen können Sie nicht erfüllen? Das darf ja wohl nicht wahr sein!"

Wenn im Projekt Abweichungen auftreten, wird es für den Projektleiter ungemütlich. Er gerät von allen Seiten unter Beschuss. Deshalb ist die Projektsteuerung Projektleitern so ungemein wichtig.

> Abweichungen im Projekt sind nicht die Ausnahme, sondern die Regel.

Das ist eine schlechte und eine gute Nachricht zugleich: Erschrecken Sie nicht zu sehr bei Abweichungen, lassen Sie sich nicht verunsichern – Abweichungen gehören einfach zum Tagesgeschäft.

Die häufigsten Abweichungen

- Bei Projekten ohne vertraglich vereinbarten Termin (vor allem interne Projekte) wird der projektierte Endtermin meist wesentlich überschritten.

- Bei Festkosten-Projekten werden Kosten überschritten und das Rentabilitätsziel nicht erreicht.

- Kunden und Auftraggeber melden ständig Änderungswünsche an.

- Projektmitarbeiter ziehen nicht mit oder werden teilweise abgezogen.

- Projektbeteiligte halten Zusagen nicht ein.

Es gibt zwar auch Projektleiter, die das alles wenig beunruhigt: „Wir sind fertig, wenn wir fertig sind." „Diesen Termin hat doch ohnehin keiner ernst genommen." „Ein bisschen teurer wird's immer." Doch diese stoische Ruhe ist selten, weil die meisten Projektleiter höllischen Druck bekommen, wenn sie die Abweichungen nicht aufholen können. Sie bemühen sich zwar redlich – aber in der Regel ohne Erfolg. Das hat seinen Grund:

2. Wer heute schläft, hat übermorgen eine Abweichung

Wenn Abweichungen im Projekt auftreten, interessiert Projektleiter nur noch eine Frage: „Wie holen wir das schnellstmöglich wieder auf? Wie passen wir uns so an, dass unsere Ziele nicht mehr gefährdet sind?" Diese Frage kommt zu spät:

80 Prozent aller Abweichungen, die in der Projektmitte auftreten, wurden bei Projektbeginn durch mangelhafte Vorbereitung verursacht.

Projektsteuerung: Projekte sicher ins Ziel bringen

Das ist wie mit dem Urlaub: Was man beim Packen vergessen hat, bemerkt man meist erst während der Reise. Leider gibt es einen wesentlichen Unterschied: Beim Projektmanagement denken Projektleiter beim Auftauchen von Abweichungen meist zuerst an die Projektsteuerung, nicht an die Projektvorbereitung, das heißt, sie zäumen das Pferd von hinten auf.

Wenn Sie einmal die typischen Abweichungen eines Projektes betrachten, wird Ihnen auffallen, dass Sie diese mit wenigen Ausnahmen auf Versäumnisse bei der Vorbereitung zurückführen können.

Abweichungen sind versteckte Versäumnisse	
Typische Abweichung	**Entsprechendes Versäumnis**
Ständig ändert der Auftraggeber oder Kunde das Projektziel.	Das Projekt war von Anfang an unklar: mangelnde Auftragsklärung (siehe Kapitel 2).
Die Projektmitarbeiter haben viel zu wenig Zeit für das Projekt.	Der Projektplan wurde erstellt, ohne mit den real zur Verfügung stehenden Kapazitäten und Terminplänen der Mitarbeiter abgestimmt worden zu sein (siehe Kapitel 5).
Es treten unvorhergesehene Probleme auf.	Unvorhergesehen bedeutet nicht unvorhersehbar: mangelnde Risikoanalyse (siehe Kapitel 4).
Widerstandsnester im Unternehmen oder beim Kunden halten das Projekt auf.	Die Widerstände wurden nicht in der Kontexterklärung beseitigt (siehe Kapitel 3).
Welche typische Abweichung fällt Ihnen zu einem Ihrer Projekte ein?	Was war das entsprechende Versäumnis?

Projekte geraten nicht deshalb in Schwierigkeiten, weil Abweichungen auftreten. Probleme treten auf, weil die Vorbereitung unzureichend war. Wir kennen das: Unter dem Druck von Terminen und Auftraggebern arbeitet man schon los, bevor man richtig nachdenken konnte. Das rächt sich.

Wenn Sie herausragende Projektleiter-Kolleginnen und -Kollegen beobachten, die wie durch ein Wunder immer nur ganz wenige Abweichungen in ihren Projekten erleben und fast immer termin-, budget- und zieltreu abliefern und das auch noch ganz locker schaffen, werden Sie feststellen, dass diese sich durch einen simplen Charakterzug auszeichnen: Sie sind Stoiker der Vorbereitung.

Wenn Auftraggeber und Teammitglieder drängen, so schnell wie möglich die Projektarbeit zu beginnen, lassen diese Stoiker sich nicht aus der Ruhe bringen. Je mehr gedrängt wird, desto mehr Zeit nehmen sie sich für die Vorbereitung. Oder wie Adenauer einmal zu seinem Chauffeur sagte: „Lassen Sie sich Zeit – ich habe es eilig!"

Praxis-Tipp:

Je eiliger Sie es haben, je dringender und je drängender das Projekt ist, desto mehr Zeit und Aufmerksamkeit sollten Sie in die Vorbereitung investieren.

Das ist eine Investition, die sich immer auszahlt. Für kleinere bis mittlere Projekte brauchen Sie höchstens zwei bis vier Planungstage. Damit ersparen Sie sich dann Wochen an vermeidbaren Verzögerungen und jede Menge Ärger. Erfahrene Projektleiter wissen eben, wie man es langsam angehen lässt. Sie mögen zunächst bei Projektbeginn gegenüber vorpreschenden Projektneulingen in Rückstand geraten, überholen diese jedoch im weiteren Projektverlauf und liegen am Ende weit voraus.

Das hat zwar auch mit der richtigen Technik zu tun, mehr aber noch mit der inneren Haltung eines Projektleiters. Eignen Sie sich diese an, bremsen Sie sich zu Projektbeginn bewusst und widmen Sie der Vorbereitung die nötige Zeit – auch wenn alle anderen überhaupt nicht verstehen können, warum Sie so langsam an die Sache herangehen: Wer das nicht versteht, hat eben keine Ahnung. Seien Sie sicher: Die Leute, die Sie dazu drängen wollen, sich viel zu schnell ins Projekt zu stürzen, sind nachher jene, die Ihnen die heftigsten Vorwürfe machen, wenn es zu Abweichungen und Verzögerungen kommt.

Praxis-Tipp:

Je besser Sie ein Projekt vorbereiten, desto weniger Abweichungen werden Sie erleben.

3. Das Wartungsintervall: die beste Waffe gegen Abweichungen

80 Prozent aller Abweichungen können Sie mit einer guten Vorbereitung von vornherein vermeiden. Mit den restlichen 20 Prozent müssen Sie umgehen können. Die meisten Projektleiter verhalten sich hier jedoch sehr unklug: Sie lassen sich überraschen.

Angenommen, Sie fahren auf der Autobahn zu einem wichtigen Geschäftstermin und plötzlich hat Ihr Motor den Kolbenfresser. Das Erste, was der herbeigerufene Pannenhelfer nach der Diagnose fragen wird, ist: „Wann war der letzte Kundendienst?" Denn wenn der Kolben frisst, hat jemand vergessen, das Motoröl nachzugießen.

Eine regelmäßige Wartung vermeidet Abweichungen.

Wenn eine Abweichung erst einmal aufgetreten ist, ist es immer zu spät. In kleinen bis mittleren Projekten wird wöchentlich eine „Wartung" vorgenommen. Als Daumenregel empfiehlt sich auch:

regelmäßig nach fünf bis zehn Prozent der projektierten Projektlaufzeit. Eben wie beim Auto: regelmäßig.

Das Status-Meeting mit dem Team

Nun werden Sie Abweichungen in Ihrem Projekt nicht allein dadurch vermeiden, indem Sie sich wöchentlich treffen. Sie müssen bei diesen Meetings auch die richtigen Fragen stellen, um drohende Abweichungen auch tatsächlich zu erkennen, bevor diese auftreten. Diese drei Fragen stellen Sie jedem Projektmitglied:

1. Werden Sie mit Ihrem Arbeitspaket zum geplanten Termin fertig sein? Wenn nein: Wann dann?

Mit dieser Frage erkennen Sie drohende Abweichungen viel früher als in ungewarteten Projekten: Da unterrichtet Sie das Teammitglied frühestens, wenn die Abweichung bereits eingetreten ist – wenn überhaupt. So wird erst zum Abgabetermin klar, dass man diesen nicht halten kann. Stellen Sie diese Frage auch für die anderen Stellgrößen Arbeitsaufwand, Budget, Ergebnisse und Qualität.

Diese erste Frage dient der Früherkennung und verschafft Ihnen so viel Zeit wie möglich, um die drohende Abweichung zu verhindern, indem Sie den betreffenden Mitarbeiter entlasten, ihm Hilfe an die Hand geben, Aufgaben umverteilen etc.

2. Gibt es inhaltliche, technische, finanzielle, kapazitäre oder persönliche Probleme im Projekt, die bereits eingetreten sind oder sich abzeichnen? Wie können wir diese lösen?

Mit dieser Frage verhindern Sie, dass die Teammitglieder irgendwann, wenn die Probleme akut werden, das Ganze einfach an Sie delegieren. Wenn alle sagen: „Nein, wir haben keine Probleme", gehen Sie tiefer. Fragen Sie: „Schön, wie steht es mit …? Haben Sie … bereits erledigt? Wie läuft gerade …?" Mit solchen gezielten Fragen nach Arbeiten, die Sie für kritisch oder problematisch halten, kommen die Probleme ans Licht, die vorher keiner zu äußern wagte. Kritische, aber höfliche Fragen unterbinden alle Beschönigungs-Tendenzen.

3. Wie geht's euch bei der Arbeit? Diese Frage wird von unerfahrenen oder wenig sozialkompetenten Projektleitern oft „vergessen". Die Stimmung ist schlecht, das Team ist total überlastet und wird bald meutern oder einfach schlechte Arbeit abliefern – aber der Projektleiter wird das erst bemerken, wenn der Schaden bereits eingetreten ist. Die Stimmungsfrage verhindert das. Sie hilft Ihnen, die Motivation im Team zu „erfühlen" und gegebenenfalls die Missstimmung mit viel aktivem Zuhören, mit Aufmerksamkeit, Verständnis und ein paar menschlichen Worten abzubauen.

4. Wenn Teammitglieder „schwänzen"

Leider hat die Zuverlässigkeit im deutschsprachigen Businessraum in den letzten 20 Jahren erheblich nachgelassen. Sie sehen das auch am Besuch Ihrer Team-Meetings: Alle sagen ihre Teilnahme zu, doch es fehlen immer wieder dieselben unentschuldigt. Mit diesen können Sie keine Früherkennung betreiben. Sollten Sie aber, denn gerade wenn ein Teamkollege zu wenig Zeit für ein Projektmeeting hat, hat er oft auch zu wenig Zeit für seine Projektaufgabe.

> **Praxis-Tipp:**
>
> Fassen Sie bei fehlenden Teammitgliedern persönlich nach.

Sorgen Sie für ein Gespräch unter vier Augen. Gerade bei kleinen und mittleren Projekten ist das ohne weiteres möglich. Ich weiß, das macht Ihnen zusätzliche Arbeit, die völlig unnötig ist: Warum kann der Schwänzer nicht kommen wie alle anderen auch? Doch diese Zusatzarbeit benötigt meist nur wenige Minuten Zeit und lohnt sich immer.

Bevor Sie die drei oben genannten Fragen stellen, fragen Sie das Teammitglied nach dem Grund seines Fernbleibens, damit es sieht, dass Sie das nicht unkommentiert lassen. Sie müssen ihm dazu gar keine Gardinenpredigt halten – das nützt sowieso nichts. Die bloße Frage nach dem Grund seiner Abwesenheit wirkt viel besser, weil sie keinen Widerstand provoziert.

Wenn ein Teammitglied Sie anlügt

Lügen ist ein hartes Wort. Wer gibt schon gerne auf Ihre Frage nach Problemen im Projekt zu, dass er heftig am Rudern ist? So charakterfest sind nicht alle Teammitglieder, dass sie Probleme un-umwunden und ehrlich zugeben. Diese Größe bleibt wirklich groß-artigen Mitarbeitern vorbehalten. Die anderen flunkern mangels kommunikativer Kompetenz oft:

„Irgendwelche Probleme im Projekt?"

„Nein, nein, überhaupt nicht, höchstens – aber das ist wirklich nur ein kleines Problemchen …"

Dabei steht das Arbeitspaket kurz vor dem Kollaps. Was tun Sie gegen das Schönreden?

> Vertrauen ist gut, ein Plausibilitäts-Check ist besser.

Dieser dient nicht nur der Wahrheitsfindung und Ihrem Projekt-erfolg, sondern auch der Teamdisziplin. Ihre Mitglieder sehen dann nämlich: „Aha, mit unserem Projektleiter kann man's nicht ma-chen. Der passt auf!" Wie geht ein Plausibilitäts-Check?

Lassen Sie das Teammitglied über den Fortschritt seiner Aufgabe reden. Unstimmigkeiten kommen umso häufiger und schneller ans Licht, je länger er redet und je klügere Fragen Sie zum Verständ-nis stellen. Denn kein Lügengebäude ist so standfest, dass es ein paar klug gestellten Fragen standhalten könnte. Die Wahrheit kommt immer ans Licht. Werfen Sie dieses Licht auf den kleinen Schwindler und seien Sie ihm nicht böse. Wir alle probieren es ab und zu …

Wenn Teammitglieder Sie hängen lassen

Das weitaus häufigste Problem der Projektsteuerung sind weder – wie Projektlaien und Wirtschaftsjournalisten annehmen und propagieren – technische, terminliche oder finanzielle Probleme. Die Technik haben Sie irgendwann im Griff, der Termin ist fest und Geld ist zwar nicht im Überfluss, aber bei etwas Einfallsreichtum ausreichend vorhanden. Nein, was Projekte viel stärker aufhält, ist der Faktor Mensch: Man lässt Sie hängen!

„Tut mir leid, ich kam nicht dazu, mein Arbeitspaket zu erledigen, wir haben gerade so viel zu tun in unserer Abteilung." Sie wissen genau, dass Ihr Teammitglied Sie da wohl ein bisschen anschwindelt – aber was sollen Sie machen? Wie steuern Sie diese Situation?

> Wenn man Sie hängen lässt, fragen Sie das Teammitglied: Bis wann ist es denn fertig? Und dann fragen Sie sich: Wie glaubhaft ist die Zusage diesmal?

Beim ersten Mal müssen Sie dem Teammitglied noch vertrauen – das sind Sie der Führungskultur des gegenseitigen Vertrauens schuldig. In einer Misstrauenskultur wird nämlich noch viel schlimmer gelogen. Vertrauen ist gut, Erziehung ist besser:

> **Praxis-Tipp:**
> Vereinbaren Sie einen neuen Termin, betonen Sie dessen Verbindlichkeit und die Einmaligkeit Ihres Entgegenkommens.

Das ist wichtig, damit das Teammitglied merkt: Es ist ihm ernst! Wenn Sie nicht auf Einmaligkeit und Verbindlichkeit hinweisen, verlieren Sie Ihre Glaubwürdigkeit und alle anderen Teammitglieder denken: „Hoppla, wenn der Kollege Zusagen brechen darf und dem Projektleiter das offensichtlich nicht so wichtig ist, darf ich das auch."

Unterstellen Sie beim ersten Mal keine böse Absicht. Das bringt Sie nicht weiter. Unterstellen Sie lieber eine taktische Absicht: Viele Teammitglieder versuchen einfach, Ihre Grenzen auszutesten und herauszufinden, wie ernst es Ihnen mit der Disziplin ist und ob Sie durchgreifen. Greifen Sie durch, weiß Ihr Team, wo Ihre Grenzen liegen. Versäumen Sie es, verkommt die Disziplin.

Was ist der Wirkungsgrad dieser Vorgehensweise? Er liegt bei 80 Prozent. 80 Prozent aller Teammitglieder werden nach der ersten gebrochenen Zusage ihre zweite nicht brechen – wenn Sie die Verbindlichkeit entsprechend betonen. Wie steuern Sie die abweichenden 20 Prozent?

5. Wie Sie chronische Abweichungen steuern

Einige Teammitglieder werden auch die zweite Zusage nicht einhalten.Verstecken Sie Ihren Zorn darüber nicht. Der Kollege darf ruhig erfahren, dass er Ihnen Kummer macht – sonst hat er keinen Anreiz, sich zu bessern. Aber verlassen Sie sich nicht auf diese Besserung: Sie wird meist nicht kommen.

Wenn Sie jene Kollegen betrachten, die auch die zweite Zusage nicht einhalten, wird Ihnen schnell auffallen, dass es sich meist um die chronisch Überlasteten, Happy Hektiker und Unorganisierten handelt.

> Für Ihre „Pappenheimer" gilt: Einmal unzuverlässig, immer unzuverlässig.

Rechnen Sie daher damit, dass sich ein Pappenheimer bei sämtlichen seiner Angaben zum Projekt kräftig verrechnet, den Aufwand unterschätzt und seine verfügbare Zeit und/oder Arbeitsleistung grob überschätzt hat.

Checkliste: Chronische Abweichungen steuern

Wenn Sie nach der zweiten gebrochenen Zusage bemerken, dass ein Teammitglied sich voraussichtlich bei vielen seiner Zusagen verschätzt hat:

- Rechnen Sie die resultierenden Verspätungen und Qualitätsverluste auf sämtliche seiner Aufgaben in Ihrem Projekt hoch.

- Korrigieren Sie Ihren Projektplan entsprechend in allen wesentlichen Punkten wie Termine, Kosten und Kapazitäten.

- Unterrichten Sie den Auftraggeber über die Änderungen.

- Falls Sie den Plan nicht korrigieren können, weil die Termine, Kosten und Kapazitäten feststehen: Wie bekommen Sie das Mitglied dazu, seine Zusagen einzuhalten?

- Konkret: Womit können Sie ihn unterstützen? Welche (Teil-)Aufgaben können Sie von ihm auf andere verteilen (nicht selbst übernehmen!)? Können Sie Teile seiner Aufgaben abspecken?

Viele Projektleiter versuchen es anders: Sie reden dem Teammitglied gut zu, drohen oder versuchen, es zu erziehen. Er nickt zwar eifrig und gelobt Besserung – aber auch diese Zusage hält er nicht ein. Lassen Sie sich keine Märchen erzählen, Sie sollen Ihr Projekt führen. Außerdem nützt Ihnen auch die bestgemeinte Zusage herzlich wenig, wenn der betreffende Mitarbeiter gerade wirklich keine Zeit für Ihr Projekt hat.

6. Der Kunde verlangt ständig Änderungen

Eine der häufigsten Ursachen von Planabweichungen sind die *Change Requests*. Natürlich kommen diese Änderungswünsche vom Kunden. Doch viele davon sind provoziert – ausgerechnet vom Projektleiter selbst!

> Je ungenauer Sie Ihre Auftragsklärung machen, desto mehr *Change Requests* provozieren Sie.

Umgekehrt ausgedrückt: Je besser Sie die Wünsche, Ziele und Interessen von Auftraggeber und Kunden verstanden haben, desto weniger sehen diese sich im Verlauf des Projektes dazu veranlasst, Änderungen zu verlangen – denn Sie haben ja genau verstanden, was Kunde oder Auftraggeber wollen! Sehr viele *Change Requests* werden einfach dadurch provoziert, dass der Projektleiter nicht genau zuhört und dann in die falsche Richtung losläuft – kein Wunder, dass der Kunde daraufhin Richtungsänderungen anmahnt!

Zwei Drittel der Änderungswünsche können Sie mit einer guten Auftragsklärung (siehe Kapitel 2) von vornherein vermeiden. Mit dem restlichen Drittel müssen Sie umgehen können. Viele Projektleiter können das nicht, obwohl sie das Gegenteil annehmen. Das hört sich dann so an:

„Was soll ich machen? Wenn der Kunde das anders haben will, dann müssen wir das eben anders liefern!"

Das ist Unfug, oder wie der Vorstandschef eines deutschen Anlagenbauers sagte: „Wenn der Kunde einen goldenen Kirchturmhahn auf seine Ölraffinerie will, dann machen das meine Ingenieure auch noch!" Das ist kein technisches Problem, sondern ein finanzielles. Doch das sehen die wenigsten Projektleiter. Betrachten wir dazu ein Beispiel, wie es jährlich tausendfach in der deutschen Wirtschaft passiert.

Projektsteuerung: Projekte sicher ins Ziel bringen

Beispiel: ───────────────────────────────

Ein Instrumentenbauer plant ein neues Gerät für ein Metall verarbeitendes Unternehmen. Nach einigen Wochen Konstruktionszeit sagt der Projektleiter zum Kunden: „Das neue Gerät wird viel zu gut für die alten Schnittstellen. An den Schnittstellen verlieren Sie 30 Prozent der Leistung des Geräts! Lassen Sie doch auch die Schnittstellen modernisieren!" Der Kunde ist begeistert über diesen Hinweis und erteilt prompt einen Änderungsauftrag: „Packen Sie das auch noch ins Projekt rein!"

Und nun halten Sie sich fest: Die weitaus meisten Projektleiter tun das auch – ohne Kostenaufschlag! Es ist unglaublich, doch das ist tägliche Praxis im deutschen Projektmanagement – im amerikanischen ist das ganz anders. In den USA schluckt man nicht – und verliert den Kunden trotzdem nicht.

Nun, diesen katastrophalen kaufmännischen Fehler begeht der Projektleiter in unserem Beispiel nicht. Er kalkuliert nach und präsentiert dem Kunden die korrigierten Kosten ganz schüchtern, worauf dieser lauthals lacht und meint: „Was tun Sie so schüchtern? Wenn wir die Schnittstellen modernisieren lassen, zahlen wir auch die Schnittstellen. Natürlich reden wir noch über den Preis, aber gezahlt wird auf jeden Fall!" Trotzdem geht das Projekt gründlich daneben. Denn als der Endtermin zwei Wochen überschritten ist, steht der Geschäftsführer des Kunden im Projektbüro und verlangt Zahlungsminderung wegen Terminverzug. Der Projektleiter ist empört: „Wieso haben wir die Verzögerung zu verantworten? Sie haben doch selbst den Auftrag gegeben, die Schnittstellen noch obendrauf zu packen. Mit diesem Zusatzauftrag war der ursprüngliche Termin nie und nimmer zu halten!" Worauf der Geschäftsführer nur eines erwidert: „Warum sagen Sie das jetzt erst?" Weil der Projektleiter nie etwas anderes gesagt hatte, ging der Kunde davon aus, dass er auch den Zusatzwunsch in der vereinbarten Zeit schaffen werde.

Warum unterläuft einem erfahrenen Ingenieur so ein Fehler? Weil er zu viel dachte und zu wenig redete. Er dachte, das müsse jedem klar sein, dass ein Zusatzauftrag auch zusätzliche Zeit benötigt, teilte das aber niemandem mit.

Praxis-Tipp:

Machen Sie auf Änderungswünsche hin niemals Zusagen. Legen Sie vielmehr zunächst die Konsequenzen offen.

Checkliste: Änderungswünsche konsequent steuern

Wenn der Kunde einen *Change Request* anmeldet:

- Aufpassen! Geben Sie keine sofortige Zusage.
- Nehmen Sie den Änderungswunsch lediglich zur Kenntnis.
- Fragen Sie so lange nach, bis Sie den Wunsch
  a) unmissverständlich und
  b) vollständig verstanden haben.
- Kündigen Sie an, dass Sie sich zurückziehen werden, um die beste Lösung für den Änderungswunsch zu konzipieren.
- Klären Sie die Frage: Was bedeutet dieser Wunsch für
  a) unseren Termin?
  b) unser Budget?
  c) die anderen Qualitätsziele?
  d) unsere Kapazitäten?
- Teilen Sie dem Kunden sämtliche Konsequenzen seines Wunsches mit und lassen Sie ihn entscheiden:
  a) Er gibt den Wunsch auf, weil er sieht, was er ihn kostet.
  b) Der Wunsch ist es ihm wert und er trägt die Konsequenzen.
  c) Er ist hin- und hergerissen: Verhandeln Sie!

Fortsetzung: Checkliste: Änderungswünsche konsequent steuern

- Fällt die Entscheidung zugunsten einer Änderung, müssen Sie Ihre Projektplanung anpassen und das auch kommunizieren: „Ab sofort ist dieser neue Plan die Basis unserer Steuerung."

7. Die Ampelsteuerung

Am Ende eines Status-Meetings mit dem Team verschaffen Sie sich einen Überblick über den Stand Ihres Projektes, wenn alle Abweichungen, drohenden Verzögerungen und Kundenextrawünsche besprochen sind. Das geht am besten mit der Ampelsteuerung:

- Markieren Sie in Ihrem Gantt-Diagramm (siehe Kapitel 5) sämtliche Arbeitspakete, die im Plan liegen, mit grüner Farbe. Wenn eine tolerierbare Abweichung vorliegt oder eine, die Sie absehbar mit wenig Aufwand aufholen werden, ist das auch noch grün.

- Markieren Sie jene in Verzug geratenen Pakete gelb, bei denen Sie die Augen offen halten müssen, weil sie möglicherweise nicht mehr zu kompensieren sind.

- Markieren Sie Pakete rot, in denen massive Probleme herrschen.

Natürlich sollten Sie zuerst Regeln vereinbaren: Wann schalten wir bei welchen Abweichungen in Bezug auf die drei Stellgrößen Termin, Kosten, Qualität von grün auf gelb, von gelb auf rot? Ist eine Woche Verzögerung noch gelb? Sind sieben Prozent Budgetabweichung schon rot?

Für die Qualität und damit die Funktionalität eines Projektergebnisses, könnte das zum Beispiel so aussehen:

- grün – volle Funktionalität gewährleistet

- gelb – Minimalfunktionalität gewährleistet

- rot – nicht einmal die Minimalfunktionalität ist gewährleistet

Für die Kosten folgendermaßen:

- grün – geplante Kosten werden eingehalten
- gelb – Kostenüberschreitung ist maximal zehn Prozent
- rot – Kostenüberschreitung liegt über zehn Prozent

Was tun Sie, wenn Sie eine Vereinbarung dieser Art im Team getroffen haben? Sie müssten diese Frage jetzt beantworten können. Denken Sie einmal über den Kreis Ihres Teams hinaus. Wer muss noch von dieser Regelung erfahren? Der Kunde? Vielleicht. Der Auftraggeber aber auf jeden Fall! Benachrichtigen Sie ihn und nehmen Sie seine Änderungswünsche wahr.

Projektleiter, welche mit der Ampel steuern, haben übrigens bei ihren Auftraggebern einen Stein im Brett. Die meisten wollen keine langen Reden und Berichte, sondern auf den ersten Blick sehen, „was Sache ist". Mit der Ampelsteuerung können Sie Ihrem Auftraggeber diesen Wunsch erfüllen. Was Ihrem Auftraggeber nützt, nützt Kunden, Ihnen und dem Team erst recht. Sie sehen auf den ersten Blick: „Aha, alles im grünen Bereich!"

Reporting

Das *Reporting* ist in den meisten Projekten nicht geregelt, weshalb es ständig Ärger verursacht. Weil nicht vereinbart wurde, wie oft Sie den Auftraggeber informieren, meldet er sich bei Ihnen, sobald ihn etwas beunruhigt. Permanent schaut er Ihnen über die Schulter, weil er wissen will, wie das Projekt steht. Vermeiden Sie das, indem Sie von vornherein mit ihm regelmäßige Projektberichte vereinbaren: drei- bis viermal während des Projektes oder jede Woche oder alle zwei Wochen – worauf auch immer Sie sich einigen können. Dann haben Sie Ihre Ruhe und können sich auf Ihre Arbeit konzentrieren.

Was berichten Sie? Das ist die falsche Frage. Die erste Frage muss lauten: Wie lange berichten Sie ihm? Darauf gibt es nur eine Antwort: so kurz wie möglich. Am besten in fünf Minuten, am längsten in zehn Minuten – alles, was länger geht, langweilt nur. Geben Sie keine seitenlangen Berichte, zeigen Sie lieber die Ampel (s.o.). Für gelbe und rote Arbeitspakete verdeutlichen Sie die Konsequenzen auf Termine, Kosten und Qualität im Endergebnis, präsentieren die Lösungen und notieren seine Anregungen. Mehr nicht.

So einfach es sich auch anhören mag: Viele Projektleiter gehen nicht so vor. Stattdessen melden sie zwar pflichtgemäß gelbe und rote Arbeitspakete, reden sich dann aber heraus, indem sie oft ganz unbewusst Schuldige präsentieren: „Aber wir sind nur so spät dran, weil das Marketing drei Tage zu spät lieferte!" „Unser Lieferant hat Minderleistung gebracht!" Das interessiert Ihren Auftraggeber herzlich wenig, ihn interessiert einzig und allein, was Sie dagegen unternehmen werden!

Es gibt noch einen Grund für regelmäßige Berichte, den unerfahrene Projektleiter häufig übersehen: Eigen-PR. Wenn Sie Ihrem Auftraggeber nur dann berichten, wenn etwas schief läuft, erfährt er nur Negatives von Ihnen. Für ihn werden Sie somit zum Inbegriff schlechter Nachrichten. Er wird schon zusammenzucken, wenn er Sie nur sieht, und denken: „Oje, welches Unheil meldet er mir jetzt schon wieder?" Das wirkt sich zwangsläufig negativ auf Ihre Beziehung zum Auftraggeber und auf Ihre Karriere aus. Wenn Sie ihm dagegen regelmäßig die Ampel zeigen, überwiegen logischerweise die guten Nachrichten. Er bekommt den richtigen Eindruck: „Dieser Projektleiter ist kurz und präzise, hat alles im Griff und kriegt seine Abweichungen gesteuert! Er/Sie empfiehlt sich für Höheres!"

8. Checkliste: Projekte und Abweichungen steuern

Projekte und Abweichungen steuern

- Schrecken Sie nicht zu sehr vor Abweichungen zurück: Sie gehören zum Tagesgeschäft.

- Je besser Sie ein Projekt vorbereiten, desto weniger Abweichungen werden Sie erleben.

- Abweichungen können Sie nicht länger überraschen, wenn Sie Wartungsintervalle für Ihr Projekt einrichten: wöchentlich oder zweiwöchentlich.

- Fragen Sie auf dem Status-Meeting jedes Teammitglied:

  1) Beenden Sie Ihre Aufgabe voraussichtlich termin-, kosten- und zielgerecht? Wenn nicht, wann und wie dann?

  2) Gibt es aktuelle oder absehbare Probleme?

  3) Wie geht es Ihnen mit den Projektaufgaben?

- Wenn Probleme gemeldet werden: Arbeiten Sie gemeinsam Lösungen aus und treffen Sie entsprechende Vereinbarungen.

- Unterziehen Sie Antworten auf Ihre ersten beiden Fragen einem Plausibilitäts-Check.

- Wenn man Sie hängen lässt: Treffen Sie eine zweite Vereinbarung.

- Lässt derselbe Kollege Sie ein zweites Mal hängen, wird er das auch ein drittes Mal tun: Korrigieren Sie Ihren Projektplan und benachrichtigen Sie den Auftraggeber. Ist keine Plankorrektur möglich: Verteilen Sie seine Aufgaben neu.

Fortsetzung: Projekte und Abweichungen steuern

- Wenn Kunden oder Auftraggeber die Projektziele ändern wollen: Niemals sofort zusagen, erst die Konsequenzen auf Endtermin, Kosten und Projektziele kalkulieren und dann den Kunden entscheiden lassen, ob er sich das leisten möchte.

- Fassen Sie den Stand Ihres Projektes mit der Ampelsteuerung zusammen.

- Vereinbaren Sie *Reporting-Intervalle* mit Kunde und Auftraggeber.

- Betrachten Sie mit Wohlgefallen, wie sich die Abweichungen in Ihrem Projekt beinahe von alleine steuern.

Projektabschluss: Nutzen Sie Ihre Erfahrung!

8

Wer einen Fehler macht und ihn nicht korrigiert,
begeht einen zweiten.

Konfuzius

1. Niemand kann sich denselben Fehler ein zweites Mal leisten

Was ist Ihr erster Gedanke, wenn Ihr Projekt zu Ende geht? Die meisten Projektleiter denken: „Bloß raus hier! Schnell zurück zur eigentlichen Arbeit. Wegen dieses Projekts ist ja so vieles liegen geblieben!" Ein verständlicher, jedoch auch verhängnisvoller Wunsch. Denn geht er in Erfüllung, stecken Sie in Schwierigkeiten:

Je schneller Sie nach einem Projekt zur Tagesordnung übergehen, desto schwerer haben Sie es beim nächsten Projekt.

Mit Sicherheit werden Sie in den nächsten Jahren wieder ein Projekt leiten. Dann werden Sie sich fragen: Wie lief das damals noch? Wie lange haben wir eigentlich gebraucht? Wie haben wir das gemacht? Alle diese und viele andere brennende Fragen werden Sie nicht beantworten können, weil Sie keine Antwort haben auf: Wo sind die Unterlagen von damals? Es sind keine da, weil damals jeder Projektmitarbeiter so schnell wie möglich nach der Abnahme aus dem Projekt geflüchtet ist, um neue Aufgaben anzugehen, und es keinen formellen Projektabschluss mit integrierter Dokumentation gab.

Praxis-Tipp:

Ein professionell geführtes Projekt endet mit einem sauberen Abschluss.

Unerfahrene Projektleiter wenden darauf ein: „Aber das macht doch nur Arbeit! Das belastet doch nur zusätzlich!" Stimmt, das belastet Sie momentan ein wenig, entlastet Sie jedoch beim nächsten Projekt gewaltig. Und das nächste Projekt kommt bestimmt! Falls Sie immer noch Hemmungen haben, einen formellen Projektabschluss vorzunehmen, motivieren Sie sich mit dem Gedanken an die Konsequenzen:

> Wenn Sie im nächsten Projekt nicht dieselben Fehler machen wollen, die Sie schon im letzten Projekt begangen haben, dann schließen Sie das Projekt sinnvoll und professionell ab.

2. Wie geht ein Projektabschluss?

Keine Bange, ein professioneller Projektabschluss ist einfach, Sie benötigen dafür nur zwei Schritte:

- Planen Sie eine halbe bis ganze Stunde für einen Rückblick ein. Rufen Sie alle Projektteammitglieder zusammen. Stellen Sie zwei Fragen:
  A) Was lief richtig gut?
  B) Was lief nicht so gut?

- Überlegen Sie, was Sie beim nächsten Mal besser machen können, und sammeln Sie die Anregungen auf einem A4-Blatt.

Dieses Blatt legen Sie Ihrer Projektdokumentation bei, dann müssen Sie nicht erst stundenlang in den Unterlagen wühlen, um sich auf das nächste Projekt vorzubereiten. Sie sehen vielmehr auf den ersten Blick, auf welche Punkte Sie beim nächsten Mal besonders achten müssen.

Praxis-Tipp:

Setzen Sie nur solche Anregungen auf das Blatt, die auch realistisch sind – keine Verbesserungen, die Sie sowieso nie umsetzen können.

Achten Sie bei der Moderation der Abschlussbesprechung darauf, dass es keine „Meckerstunde" wird, in der nur das Negative gesehen wird und alle das Projekt schlecht reden. So erreichen Sie nur Frustation und keine Motivation etwas zu verbessern. Fragen Sie dann gezielt auch nach den positiven Erfahrungen. Diese erzeugen Motivation für das nächste gemeinsame Projekt!

Alte Erfolge motivieren für neue Erfolge.

Auch Schuldzuweisungen und Rechtfertigungen bringen Sie nicht weiter. Sie zementieren das bisherige Vorgehen und blockieren Verbesserungen und Lernen. Schauen Sie nach vorne und fragen Sie nach Lösungsideen für die Zukunft.

Setzen Sie den offiziellen Projektschlusspunkt

Bedanken Sie sich formell bei Ihrem Team. Sie haben das Projekt schließlich nicht im Alleingang gestemmt. Wenn Sie sich dankbar zeigen, werden Ihre Teammitglieder auch beim nächsten Projekt wieder gerne für Sie arbeiten. Insbesondere dann, wenn Sie auch zu feiern wissen: Lassen Sie die Korken knallen, bestellen Sie ein paar Häppchen oder Kuchen, verteilen Sie Erinnerungsfotos, stellen Sie lustige Projekturkunden aus – in jedem Team feiert man anders. Was kommt in Ihrem Team gut an? Wie feiern Ihre Leute gerne?

Und behaupten Sie nicht, dass so eine Mini-Bürofeier nicht nötig sei und es in einem Projekt nur auf das Fachliche ankomme. Menschen feiern gerne und solche Kleinigkeiten schweißen ein Team weit über das Projektende hinaus zusammen.

Ein kluger Zug ist auch, die Vorgesetzten Ihrer Teammitglieder zu informieren – natürlich nur über das Positive, was ihre Mitarbeiter im abgeschlossenen Projekt geleistet haben. Das macht die Vorgesetzten stolz auf ihre Mitarbeiter und motiviert sie für eine weitere Zusammenarbeit: „Ein guter Projektleiter informiert mich auch darüber, was meine Leute im Projekt geleistet haben. Dem kann ich meine Mitarbeiter auch beim nächsten Mal bedenkenlos anvertrauen." Und das wollen Sie doch, oder?

3. Was müssen Sie archivieren?

Für manche Projekte gibt es gesetzliche Archivierungs-Vorschriften. Falls Sie diese nicht schon kennen und befolgen, kann Ihnen Ihre Rechts- oder Qualitätsabteilung dabei weiterhelfen. Doch Sie archivieren ja nicht nur, um dem Gesetz Genüge zu tun. Sie archivieren vor allem, um künftige Projekte leichter, schneller und erfolgreicher meistern zu können. Deshalb sollten Sie insbesondere folgende Unterlagen archivieren:

1. Unterlagen, die den ursprünglichen Auftrag und die nachfolgenden Änderungswünsche dokumentieren. Warum diese Unterlagen archivieren? Weil sich viele Änderungen wiederholen. Wenn zum Beispiel die Marketingabteilung mitten in Ihrem alten Projekt einen Änderungswunsch hat, wird Sie diesen auch im nächsten Projekt vorbringen. Dann aber können Sie den Change Request voraussehen und müssen sich nicht mehr überraschen lassen.

2. Projektpläne und Gantt-Diagramme, damit Sie beispielsweise sehen können, welche Arbeitspakete kritisch wurden, wo Sie sich verschätzt haben, was reibungslos durchlief. Viele Projektleiter verschätzen sich nämlich immer wieder bei denselben oder ähnlichen Arbeitspaketen.

3. Statusberichte. In diesen Berichten können Sie nachlesen, wie das Team mit welchen Vorkommnissen, Problemen und Abweichungen umging.

4. Protokolle und Unterlagen über Entscheidungen, wenn Ihr Projekt einen externen Kunden hat. Viele Kunden schieben gern die Schuld auf Sie, wenn das Projektergebnis in der Praxis nicht wie erhofft funktioniert. Dann ist es für Ihre Produkthaftung entscheidend, belegen zu können, dass der Kunde in seiner Entscheidung vom …, dokumentiert in …, das Projektergebnis in der vorliegenden Form akzeptiert hat.

5. Und natürlich die Liste der Erfahrungen und Vorhaben aus der Projektabschlussbesprechung.

4. Checkliste: Das Projekt abschließen

Das Projekt abschließen

- Versuchen Sie, so viel wie möglich vom alten Projekt für neue Projekte zu lernen: Erfahrung macht den Erfolg!

- Planen Sie deshalb den Projektabschluss von Anfang an ein.

- Fertigen Sie zusammen mit dem Team insbesondere eine Liste mit Dingen an, die Sie beim nächsten Mal besser machen werden.

- Wenn in einem Projekt etwas schief lief und deshalb noch schlechte Stimmung herrscht, empfiehlt es sich, einen professionellen Moderator für den Projektabschluss mit einzubeziehen.

- Archivieren Sie so wenig wie möglich, aber so viel wie nötig.

Verbessern Sie Ihr Projektmanagement in zehn kleinen Schritten

Wenn Sie auf dieser Seite angelangt sind, können Sie erst mal durchatmen. Sie wissen jetzt alles, was ein professionelles und erfolgreiches Projektmanagement für kleine und mittlere Projekte ausmacht. Nun geht es an die Umsetzung. Hier die Praxis-Checkliste zur gelungenen Anwendung:

Zehn Schritte zum Erfolg

- Versuchen Sie keinesfalls, Ihr komplettes Projektmanagement auf einmal zu ändern. Weniger ist mehr: Ein bis zwei Punkte genügen für den Anfang.

- Wählen Sie keine beliebigen Punkte. Setzen Sie Prioritäten: Welche zwei Punkte bringen die größten Verbesserungen?

- Wenn beide Punkte sehr große Veränderungsvorhaben nach sich ziehen, schränken Sie sich weiter ein: Ein Punkt genügt.

- Wie sieht konkret Ihr erster Schritt aus? Wann werden Sie ihn unternehmen? Welches Ergebnis streben Sie an?

- Was könnte Sie von diesem ersten Schritt abhalten?

- Was und wer kann Sie beim ersten Schritt unterstützen?

- Sorgen Sie für Akzeptanz: Überzeugen Sie alle Beteiligten davon, dass es ihnen etwas bringt.

- Bleiben Sie dran – selbst wenn nicht alles sofort klappt.

- Belohnen Sie sich und Ihr Team für Erfolge.

- Suchen Sie sich einen neuen Verbesserungspunkt und beginnen Sie wieder oben in der Liste.

Stichwortverzeichnis